经济管理学术文库·管理类

太阳能应用技术
专利分析及对策研究

Patent Analysis and Countermeasure Research on
Solar Energy Application Technology

李维胜　蒋绪军　张燕燕／著

U0226387

经济管理出版社
ECONOMY & MANAGEMENT PUBLISHING HOUSE

图书在版编目（CIP）数据

太阳能应用技术专利分析及对策研究/李维胜，蒋绪军，张燕燕著. —北京：经济管理出版社，2019.1

ISBN 978 - 7 - 5096 - 5971 - 7

Ⅰ. ①太…　Ⅱ. ①李…②蒋…③张…　Ⅲ. ①太阳能利用—知识产权—研究—中国

Ⅳ. ①D923. 424

中国版本图书馆 CIP 数据核字（2018）第 200440 号

组稿编辑：曹　靖
责任编辑：曹　靖　王　洋
责任印制：黄章平
责任校对：陈　颖

出版发行：经济管理出版社
　　　　　（北京市海淀区北蜂窝 8 号中雅大厦 A 座 11 层　100038）
网　　　址：www. E - mp. com. cn
电　　　话：(010) 51915602
印　　　刷：北京玺诚印务有限公司
经　　　销：新华书店
开　　　本：720mm × 1000mm/16
印　　　张：11. 5
字　　　数：219 千字
版　　　次：2019 年 1 月第 1 版　　2019 年 1 月第 1 次印刷
书　　　号：ISBN 978 - 7 - 5096 - 5971 - 7
定　　　价：68. 00 元

目　　录

第1章 概述

太阳能既是一次性能源，也是可再生能源。它有丰富的资源储备，在任何地区都能够被使用，可以持续提供，成本低，不会对环境或生态造成损害。太阳能光伏是最主要的太阳能利用形式。将太阳能转化为其他我们所需要的能源，如热能、电能、蒸汽等，从而可为我们所用。太阳能的利用范围随着科学技术的发展逐步变大，如太阳能电池、家用太阳能热水器、电动车等，都充分显示着对太阳能的资源的利用，有效实现了开发和转化太阳能能源。

我国有着储量丰富太阳能资源。数据表明，我国多数地区日平均辐射量超过每平方米 4 千瓦时，每年太阳能资源储量理论上有 17000 亿吨标准煤那么多，这就保证了太阳能的利用成为可能。

一系列的太阳能产品随着利用太阳能的范围逐步变大而产生。太阳能照明是有效利用太阳能的第一个渠道，在使用太阳能照明过程中，将太阳能转换成电能以实现照明工作。我国使用太阳能热水器数量居世界首位，太阳能热水器的安装数量和年产数量均居世界首位。基于此，我国领先世界的太阳能热水器的生产技术水平提供了一个新使用太阳能机会。太阳能热水器是家庭必备的家用电器之一，由于太阳能热水器有着高效、经济、环保的特征，作为家庭必备电器的它，普及率逐渐增长。因此，合理利用太阳能，增加它的利用率、转化率，以及增加太阳能热水器的加热效率，是太阳能热水器未来发展的新趋势。

1.1 太阳能光热发电技术概况

太阳能是一种取之不竭、清洁的可再生能源，利用太阳能发电是开拓新能源、保护环境和节能减排的有效途径。目前，较为成熟的太阳能发电技术是太阳能光伏发电和太阳能光热发电。太阳能光热发电技术又分为槽式太阳能光热发电和碟式太阳能光热发电。

槽式太阳能光热发电系统利用抛物面槽式反光镜将太阳光聚集到位于抛物面焦点处的吸热管，对吸热管中流动的流体进行加热，流体达到一定温度后，一部分通过换热器与水换热，使水变为蒸汽后推动蒸汽轮机带动发电机发电；另一部分与熔盐换热将热量传递给熔盐，熔盐存储的热量用于太阳能辐射不充足或是夜间可以继续提供发电所需的热量。槽式太阳能光热发电系统一般由聚光集热装置、蓄热装置、热机发电装置和辅助能源装置（如锅炉）等组成。槽式抛物面将太阳光聚在一条线上，在这条焦线上安装管状集热器，以吸收聚焦的太阳辐射能，常将众多的槽式聚光器串并联成聚光集热器阵列。槽式聚光器对太阳辐射进行一维跟踪。

碟式太阳能光热发电系统是利用旋转抛物面反射镜，将入射阳光聚集在焦点上，放置在焦点处的太阳能接收器收集较高温度的热能，加热工质以驱动汽轮机，从而将热能转化为电能。碟式太阳能光热发电系统主要由跟踪系统和斯特林机组成，跟踪系统使碟盘随时对准太阳，将太阳辐射反射聚集到焦点处为斯特林机的运行提供高温热源，斯特林机运行带动发电机发电。

槽式反光镜围绕一固定轴旋转来跟踪太阳，其开口法向与太阳光线都会存在一个夹角，导致太阳辐射的实际利用降低，且随着地理纬度的提高，太阳辐射的利用率降低，而碟式太阳能光热发电系统随时正对太阳辐射，不存在此问题。目前槽式商业化电站中采用导热油作为传热流体，温度不超过400℃，发电部分为蒸汽朗肯循环，如果采用水冷却，冷却温度更低，循环效率相对空气冷却更高，但是在太阳能辐射资源较好的地区通常水资源比较缺乏，而水冷却耗水量较大；如果采用空气冷却虽然耗水量小，但是循环效率比水冷却低，且空气冷却系统的投资比水冷却要高。碟式太阳能光热发电系统吸热温度高，放热温度低，循环热效率高于朗肯循环，且碟式太阳能光热发电系统对太阳辐射利用率高于槽式，所以全年平均的光电效率，碟式高于槽式，且水消耗量非常低，但是碟式系统吸收的热量不能存储，无法实现全天24小时连续运行发电。

1.2 太阳能光伏发电技术的应用现状

使用太阳电池将太阳光辐射直接转化为电能的光伏发电技术是依据半导体界面上的光生伏特效应的原理。理论上来讲，从航天器到家用电源，兆瓦级电站到玩具，光伏发电技术能够用于任何需要电源的地方，它都无处不在。由电子元器件构成且不涉及机械部件的逆变器、太阳电池板（组件）、控制器是光伏发电的重要组成部分，光伏发电设备极其精炼，具有可靠性、稳定性并且寿命长、安装和维护简单方便。由功率控制器和太阳能电池通过串联后进行封装保护而形成大面积的太阳电池组件等部件构成了光伏发电装置。

半导体的光电效应是光伏发电的主要原理。金属中某个电子可以全部吸收光子照射到其的能量，且吸收的能量足以克服金属内部引力做工而离开金属表面就成为光电子。当由有4个外层电子的硅原子的纯硅中掺入有5个外层电子的原子而形成P型半导体和纯硅中掺入有3个外层电子的原子而形成P型半导体N型结合在一起时，接触面就会形成电势差，成为太阳能电池。当太阳光照射到P—N结后，空穴由P极区往N极区移动，电子由N极区向P极区移动，形成电流。

不论是独立使用还是并网发电，光伏发电系统主要由太阳电池板（组件）、控制器和逆变器三大部分组成，它们主要由电子元器件构成，但不涉及机械部件，所以，光伏发电设备极为精炼，性能可靠稳定而且寿命长、安装维护简便。

1.3 太阳能热水器行业概况

太阳能热水器是利用太阳光将水温加热的装置。太阳能热水器分为真空管式太阳能热水器和平板式太阳能热水器，真空管式太阳能热水器占据国内95%的市场份额。真空管式家用太阳能热水器是由集热管、储水箱及集热管支架等相关零配件组成，把太阳能转换成热能主要依靠真空集热管，利用热水上浮冷水下沉的原理，使水产生微循环而达到所需热水。但就目前而言，太阳能热水器还存在很大的问题。例如，太阳能热水器采用单个集热管结构单独给一个储水箱加热供水，当宾馆等场所大批量使用时，由于各个太阳能热水器所处的光照角度等问题，导致不同储水箱内的水温不相同，光照弱的集热管结构连接的储水箱内水温低，无法持续供应热水；光照强的集热管结构连接的储水箱内水温高，在水温达到上限后无法继续加热，导致热量损失。

1.4 太阳能技术专利检索方法

为了全面科学地分析世界太阳能应用技术的专利信息，本报告利用专业的专利数据库检索系统——北京合享新创公司旗下的 INCOPAT 科技创新情报服务平台进行检索分析。INCOPAT 合享专利信息服务平台是一个涵盖世界范围海量专利信息的检索系统，其收录了世界 102 个国家/组织/地区的一亿余件基础专利数据，并对世界前 22 个经济体和港澳台的专利数据进行特殊收录和专业整合加工处理，有效地提高了数据质量，提高了专利信息分析的有效性和可靠性。

检索条件如下：①数据范围包括中国、美国、日本、英国、法国、德国、韩国等 102 个国家、地区和组织；②数据类型为中国发明申请、实用新型专利（由于同一件授权的专利，数据库中会存放申请版本和授权版本两个版本，因此为避免重复计数，本书在做检索时不再单独勾选授权专利），国外及港澳台地区的专利申请、授权；③由于发明专利从申请到公开一般需要 3 ~ 18 个月，实用新型专利一般 6 个月以后公开，世界各国的专利保护期发明一般不大于 20 年，实用新型一般不大于 10 年，因此检索起始时间为 1996 年，从 1996 年开始检索是合理的，检索时间范围为 20 年左右，截止时间为 INCOPAT 平台更新时间（目前 2016 年 12 月），总共 20 年的专利数据。

检索字段为标题、摘要、国际专利分类号和关键词，技术领域包括太阳能热水器、太阳能光伏发电相关的专利。世界范围内共检索到专利信息共有 18710 件（已去重、未合并同族），其中中国专利申请有 14422 件（已去重、未合并同族）；合并同族后世界专利 17958 件，中国专利 14309 件，每一个专利族包括了同一项专利在不同国家申请的所有专利，数量庞大，印证了太阳能应用技术是国际上研发的热门技术，下面的章节里将对这些专利从不同的角度进行分析。

1.4.1　关键词

技术领域关键字：solarenergy、solar、solar power、solar powered、太阳能等。

范围限定关键词：热水器、光伏发电、光伏、发电、热水、waterheater、heating system、heater、PV、photovoltaic、photovoltaic power、photovoltaicpowergeneration、photovoltaics、pvpower 等。

检索式：TI =（solar energy OR solar OR solar power OR solar powered OR 太阳能）AND（热水器 OR 光伏发电 OR 光伏 OR 发电 OR 热水 OR water heater OR heating system OR heater OR PV OR photovoltaic OR photovoltaic power OR photovoltaic power generation OR photovoltaics OR pv power）AND IPC =（B60L8/00 OR B62M6/85 OR B64G1/44 OR C02F1/14 OR E04D13/18 OR F02C1/05 OR F03G6/00 OR F03G6/06 OR F21L13/00 OR F24C9/00 OR F24J2/00 OR F24J2/02 OR F24J2/04 OR F24J2/05 OR F24J2/07 OR F24J2/42 OR F24J2/46 OR G05F1/67 OR H01L31/068 OR H01L31/0687 OR H01L31/0693 OR H01L31/0725 OR H01L31/073

OR H01L31/0735 OR H01L31/074 OR H01L31/0745 OR H01L31/0747 OR H01L31/0749 OR H01L31/075 OR H01L31/076 OR H02N6/00 OR H02S20/32） AND PD =（［19960101 to 20161201］）

1.4.2 国际专利分类（IPC）

F24J（不包含在其他类目中的热量产生和利用（所用材料入 C09K5/00；发动机或其他由热产生机械动力的机械装置见有关类，如利用自然界热量的入 F03G））；

H02N（其他类目不包含的电机）；

H01L［半导体器件；其他类目中不包括的电固体器件（使用半导体器件的测量入 G01；一般电阻器入 H01C；磁体、电感器、变压器入 H01F；一般电容器入 H01G；电解型器件入 H01G9/00；电池组、蓄电池入 H01M；波导管、谐振器或波导型线路入 H01P；线路连接器、汇流器入 H01R；受激发射器件入 H01）］；

F03G［弹力、重力、惯性或类似的发动机；不包含在其他类目中的机械动力产生装置或机构，或不包含在其他类目中的能源利用（运载工具中有关从自然力获得动力的装置入 B60K16/00；运载工具中从自然力获得能量进行电力推动入 B60L8/00）］；

F24D［住宅供热系统或区域供热系统，如集中供热系统，住宅热水供应系统，其所用部件或构件（防腐蚀入 C23F；一般供水入 E03；利用从蒸汽机装置抽出或排出的蒸汽或凝结水来供热入 F01K17/02；疏水器入 F16T；家用炉或灶入 F24B，F24C；具有热量产生装置的水加热器或空气加热器入 F24H）］；

E04D［屋面覆盖层；天窗；檐槽；屋面施工工具（用灰泥或其他多孔材料作外墙的面层入 E04F13/00）］；

H02J［供电或配电的电路装置或系统；电能存储系统（用于测量 X 射线、γ 射线、微粒子射线或宇宙射线设备的供电电路入 G01T1/175；专用于具有不动件的电子时钟的供电电路入 G04G19/00；用于数字计算机的入 G06F1/18；用于放电管的入 H01J37/248）；电能转换用电路或设备］；

F24H［一般有热发生装置的流体加热器，如水或空气的加热器（热传导、热交换或热贮存材料入 C09K5/00；非催化热裂化用的管式炉入 C10G9/20；密闭体通风或充气装置，如阀入 F16K24/00，疏水器或类似装置入 F16T，蒸汽发生入 F22，燃烧设备本身入 F23，家用炉或灶入 F24B，F24C）住宅］；

G05F［调节电变量或磁变量的系统（调节雷达或无线电导航系统中脉冲计时或脉冲重复频率的入 G01S；专用于电子计时器中电流或电压的调节入 G04G19/02；用电装置调节非电变量的闭环系统入 G05D；数字计算机的调节电

源入 G06F1/26；用于得到有衔铁时的所需电磁铁工作特性入 H01F7/18）]。

1.4.3　检索词编制

（技术领域关键字 1 + 技术领域关键字 2……）＊（范围限定关键词 1 + 范围限定关键词 2……）＊（IPC 分类 1 + IPC 分类 2……）……

第2章 世界太阳能技术
专利申请状况分析

　　本章对世界太阳能应用技术领域的专利信息进行检索分析，通过利用专业检索平台 incoPat 分析专利申请的趋势、国别分布、申请人分布、专利技术构成以及专利的技术发展趋势等，并在对结果进行分析总结的基础上给企业提供技术研发支持。本章采集的数据为已经公开的专利数据，由于发明专利从申请到公开一般需要 3~18 个月，实用新型专利一般 6 个月以后公开，世界各国的专利保护期发明一般不大于 20 年，实用新型一般不大于 10 年，因此检索起始时间为 1996 年，从 1996 年开始检索是合理的，检索时间范围为 20 年左右，本章将对这期间的专利申请进行检索、分析：既可以对现存有效专利进行分析，也能够找出已经超出保护期但依然有利用价值的专利加以学习改进。检索发现世界上太阳能热水器、太阳能光伏发电技术领域的专利共有 18710 件（已去重、未合并同族），其中中国专利申请有 14422 件（已去重、未合并同族）；合并同族后世界专利 17958 件，中国专利 14309 件，每一个专利族包括了同一项专利在不同国家申请的所有专利，数量庞大，印证了太阳能应用技术是国际上研发的热门技术。

2.1　太阳能技术专利申请趋势分析

　　图 2-1 和表 2-1 展示的是专利申请量的发展趋势。专利申请趋势侧面反映了专利技术的发展历程，通过申请趋势可以从宏观层面把握分析对象在各时期的专利申请热度变化和技术创新情况。申请数量的统计范围是目前已公开的专利。一般发明专利在申请后 3~18 个月公开，实用新型专利和外观设计专利在申请后 6 个月左右公开。

图 2 - 1 和表 2 - 1 揭示了太阳能热水器和太阳能光伏发电领域的国际和国内专利年度申请分布情况。可以看出，2012 年太阳能热水器和太阳能光伏发电领域的专利申请达到了申请量的阶段性顶峰，该年专利申请量为历年之最共计 2149 件。太阳能热水器和太阳能光伏发电领域的国际专利申请在 2005 ~ 2012 年基本呈直线上升趋势。太阳能产业经历了由增长到回落又快速增长，反映了世界能源发展的背景。专利申请数量向来是衡量市场需求与市场发展动向的温度计，太阳能热水器和太阳能光伏发电领域专利呈爆发式增长，充分说明太阳能热水器和太阳能光伏发电市场需求强劲，预计在未来也将保持这种发展态势。

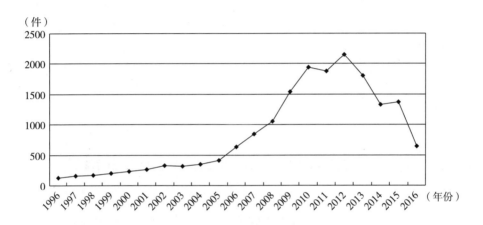

图 2 - 1　全球太阳能技术专利申请趋势

表 2 - 1　全球太阳能技术专利申请数量统计　　　　单位：件

申请年份	专利数量
1996	129
1997	155
1998	171
1999	204
2000	228
2001	259
2002	330
2003	313
2004	349
2005	407
2006	628
2007	844

续表

申请年份	专利数量
2008	1054
2009	1541
2010	1946
2011	1880
2012	2149
2013	1802
2014	1334
2015	1373
2016	639

2.2 太阳能技术专利国别分布状况分析

通过对区域专利申请量进行统计能够了解到目前专利技术的布局范围以及技术创新的活跃度，进而分析各区域的竞争激烈程度。

从图 2－2、表 2－2 可知，世界主要专利申请国家或地区——中、日、韩、德、美、欧洲占据了大部分，而且世界太阳能热水器和太阳能光伏发电技术专利申请及其不均衡，主要专利集中在几个技术大国手中。其中中国的专利申请量独占鳌头，说明中国的技术创新活跃度较高，市场竞争也比较激烈。如图 2－2 所示，中、日、韩三国专利申请量占据总申请量的 89.94%，而前 6 名申请量占总量的 96.25%。另外，中国和日本分别以 14309 件、987 件专利在该领域专利申请量遥遥领先，韩、德、美分别是 450 件、371 件、370 件。

值的欣慰的是中国在该领域专利数量和远远领先于其他国家，专利申请总量与国外相比具备明显优势，其中七成以上的专利权人（申请人）是国内企业。暂且不考虑中国专利的质量如何，但就数量来说还是体现出我们专利大国的大国范，其实这也是我国近十几年技术进步和知识产权保护意识提高的一个直观反映。下面部分我们还会进一步讨论我国太阳能技术专利情况，会发现我国这么多的专利技术绝不是浪得虚名，国内几家太阳能热水器和太阳能光伏发电企业的技术实力不容小觑。

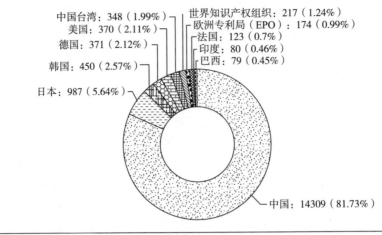

中国台湾：348（1.99%）　世界知识产权组织：217（1.24%）
美国：370（2.11%）　欧洲专利局（EPO）：174（0.99%）
德国：371（2.12%）　法国：123（0.7%）
　　　　　　　　　印度：80（0.46%）
韩国：450（2.57%）　巴西：79（0.45%）
日本：987（5.64%）

中国：14309（81.73%）

🔲中国　　🔲日本　　🔲韩国　　🔲德国　🔲美国
🔲中国台湾　🔲世界知识产权组织　🔲欧洲专利局（EPO）　🔲法国　🔲印度　🔲巴西

图 2-2　全球太阳能技术专利分布

表 2-2　全球太阳能技术专利分布　　　　　　单位：件

专利公开国别	专利数量
中国	14309
日本	987
韩国	450
德国	371
美国	370
中国台湾	348
世界知识产权组织	217
欧洲专利局（EPO）	174
法国	123
印度	80
巴西	79

2.3　各国太阳能技术专利申请趋势

图 2-3 和表 2-3 展示的是分析对象在全球不同国家或地区中专利申请量的发展趋势。通过该分析可以了解太阳能技术专利技术在不同国家或地区的起源和发展情况，对比各个时期内不同国家和地区的技术活跃度，以便分析该领域专利在全球布

局情况，预测未来的发展趋势，为制定全球的市场竞争或风险防御战略提供参考。

图 2-3、表 2-3 展示的是太阳能热水器和太阳能光伏发电技术在全球不同国家或地区中专利申请量的发展趋势。通过该分析可以了解太阳能热水器和太阳能光伏发电技术在不同国家或地区的起源和发展情况，对比各个时期内不同国家和地区的技术活跃度可以发现，中国在该领域的专利申请量增长明显，远远超过其他国家。从 2008 年以后中国该领域专利申请量快速稳步增长，到 2013 年达到顶峰，20 年时间中国从年申请量少于 100 件转变为年申请量是排名第二的日本的十几倍，见证了我国太阳能热水器和太阳能光伏发电行业，在国家整体技术创新的大环境下，技术的成长和实力的壮大，同时也是整个国家国民创新意识和知识产权保护意识提升的表现。此外韩、德、美等专利年申请量也都不同程度的增长，可以说眼下以及刚刚过去的这 10 年是太阳能热水器和太阳能光伏发电行业技术发展的黄金 10 年，而且随着社会对环保要求的提高和对新能源电器的强劲需求，太阳能热水器和太阳能光伏发电领域的创新还会持续下去，目前太阳能热水器和太阳能光伏发电的研究还不算成熟，太阳能热水器和太阳能光伏发电创新才刚刚开始，对每一个创新型新能源企业来说这都是挑战，也预示着未来无限的机遇。

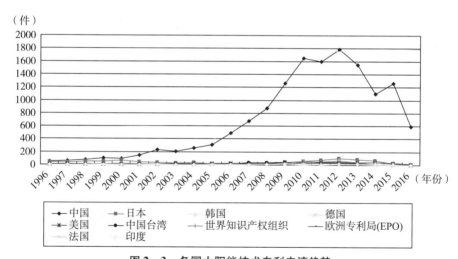

图 2-3 各国太阳能技术专利申请趋势

表 2-3 各国太阳能技术专利申请趋势　　　　　　单位：件

时间（年）	中国	日本	韩国	德国	美国	中国台湾	世界知识产权组织	欧洲专利局（EPO）	法国	印度
1996	48	39	5	16	8	5	1	1	2	0
1997	63	38	20	10	6	7	0	2	2	3

时间（年） 地区机构	中国	日本	韩国	德国	美国	中国台湾	世界知识产权组织	欧洲专利局（EPO）	法国	印度
1998	74	53	11	20	6	4	1	2	2	1
1999	101	53	8	14	12	5	2	6	7	0
2000	98	68	6	26	8	10	3	3	6	0
2001	148	44	4	20	11	12	3	5	4	0
2002	234	32	5	16	12	4	4	8	7	0
2003	206	23	10	15	17	12	9	4	3	2
2004	257	32	3	8	13	8	10	6	4	3
2005	308	18	11	23	13	7	2	3	8	0
2006	492	12	22	24	25	19	19	11	10	2
2007	682	19	15	22	16	33	21	15	9	3
2008	879	24	23	22	17	34	15	14	11	6
2009	1262	41	40	37	43	41	22	19	25	8
2010	1647	62	53	36	29	32	49	28	22	3
2011	1600	81	52	24	39	31	50	41	4	8
2012	1784	107	78	31	43	35	60	39	7	14
2013	1549	83	44	8	45	25	43	36	5	17
2014	1098	65	44	10	44	18	42	19	1	16
2015	1259	22	10	3	28	6	37	9	0	9
2016	593	6	4	0	8	6	14	1	0	4
总计	14382	922	468	385	443	354	407	272	136	99

2.4 太阳能技术专利技术构成状况分析

图2-4和表2-4展示的是分析对象在各技术方向的数量分布情况。通过该分析可以了解分析对象覆盖的技术类别，以及各技术分支的创新热度。国际专利分类（International Patent Classification，即IPC）是世界各国专利机构都采用的专利分类方法，它对于专利检索几乎是必不可少的工具。IPC分类的小组表明了相

关专利所属的具体技术领域，下文以 IPC 专利分类的小组进行检索，分析太阳能热水器和太阳能光伏发电技术相关专利的技术分布情况。

通过统计专利技术分类情况可以了解当前专利检索领域的技术分布状况，从而找到专利技术申请热点与空白点，对于了解专利技术布局找到研发方向非常有帮助。由图 2-4 和表 2-4 中可知，太阳能热水器和太阳能光伏发电技术中专利申请最多的分布在 F24J2/46、F24J2/00、H02N6/00、F24J2/04，这个结果说明目前领域内的专利申请主要集中于 F24J2/46（太阳能集热器的构件、零部件或附件），其次是 F24J2/00［太阳能的利用，如太阳能集热器（利用太阳能蒸馏或蒸发水入 C02F1/14；能量收集装置的屋面覆盖物入 E04D13/18；利用太阳能产生机械动力的装置入 F03G6/00；专门适用于把太阳能转换成电能的半导体器件入 H01L25/00，H01L31/00；包含有利用热能的太阳能电池阵列的半导体器件入 H01L31/058；把光辐射直接转变成电能的电发生器入 H02N6/00）］、H02N6/00（光辐射直接转变为电能的发电机（太阳能电池或其装配件本身入 H01L25/00，H01L31/00））、F24J2/04（工作流体流过集热器的太阳能集热器），由此说明当前该领域的技术研究热点是太阳能集热器的构件、零部件或附件；而 F24J2/32 的专利申请量相对较少，说明有蒸发段和冷凝段的，如热管的创新稍显薄弱。

表 2-4 太阳能热水器和太阳能光伏发电相关 IPC 分布

IPC 分类号（小组）	分组意义	专利数量
F24J2/46	太阳能集热器的构件、零部件或附件	8783
F24J2/00	太阳能的利用，如太阳能集热器（利用太阳能蒸馏或蒸发水入 C02F1/14；能量收集装置的屋面覆盖物入 E04D13/18；利用太阳能产生机械动力的装置入 F03G6/00；专门适用于把太阳能转换成电能的半导体器件入 H01L25/00，H01L31/00；包含有利用热能的太阳能电池阵列的半导体器件入 H01L31/058；把光辐射直接转变成电能的电发生器入 H02N6/00）	2933
H02N6/00	光辐射直接转变为电能的发电机（太阳能电池或其装配件本身入 H01L25/00，H01L31/00）	2797
F24J2/04	工作流体流过集热器的太阳能集热器	2538
F24J2/05	由透明外罩所包围的，如真空太阳能集热器	2201
F24J2/24	工作流体流过管状吸热管道	2109
F24J2/40	控制装置	1703
F03G6/06	带聚积太阳能装置	1269
E04D13/18	能量收集装置的屋面覆盖物，如包括太阳能收集板（集热器本身入 F24J，如太阳热收集器入 F24J2/02；将太阳能转换成电能的半导体装置本身入 H01L25/00，H01L31/00）	1028

IPC 分类号（小组）	分组意义	专利数量
F24J2/34	有贮热体	863
H01L31/042	包括光电池板或阵列，如太阳电池板或阵列	836
F24J2/30	带有在多种流体之间进行热交换装置	783
F03G6/00	利用太阳能产生机械功的装置（太阳锅炉入F24）	675
G05F1/67	为了从一个发生器，例如太阳能电池，取得最大功率的	664
F24J2/52	底座或支架的配置	564
H02J7/00	用于电池组的充电或去极化或用于由电池组向负载供电的装置	532
F24J2/48	以吸收器材料为特征	531
H02S20/32	可旋转或自动旋转	528
F24J2/10	具有作为聚焦元件的反射器	464
F24J2/42	不包含在其他类目中的太阳能加热系统	459
F24J2/32	有蒸发段和冷凝段的，如热管	386

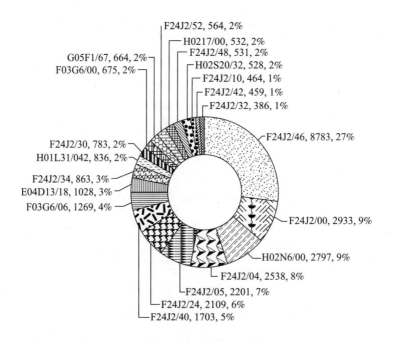

图2-4 太阳能技术专利技术构成

2.5 各国太阳能技术专利技术构成图

图 2-5 和表 2-5 展示的是分析对象的各主要技术方向在不同国家或地区的数量分布情况。通过对比分析，可以掌握重要技术方向在全球范围内的主要来源国。

针对太阳能光伏发电、太阳能热水（系统）两个重点技术领域，分析前五位专利权国的细分专利情况。前五位专利权国由图 2-5、表 2-5 可知为中国、日本、韩国、美国、德国。

从图 2-5、表 2-5 中能够看出，各国都较为注重太阳能集热器的构件、零部件或附件的研究，对其他领域则关注程度稍有不同。日本与韩国较为相似，除太阳能集热器的构件、零部件或附件外，都对太阳能发电较为关注。美国和德国在太阳能集热器的构件、零部件或附件外更为关注太阳能集热器，对太阳能发电次之；而且，德国对太阳能采暖也有一定程度的关注。中国的情况较为不同，除太阳能热水（系统）外最为关注的是太阳能电池，之后是太阳能集热器和太阳能发电。

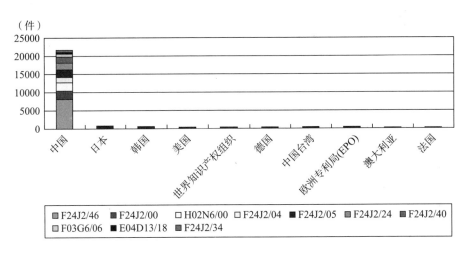

图 2-5 各国太阳能技术专利技术构成对比

表 2-5 各国太阳能技术专利技术构成对比   单位：件

IPC 分类号（小组）	中国	日本	韩国	美国	世界知识产权组织	德国	中国台湾	欧洲专利局（EPO）	澳大利亚	法国
F24J2/46	8022	104	76	77	82	60	95	81	38	19
F24J2/00	2315	95	87	43	37	46	34	26	14	8
H02N6/00	2308	86	54	47	66	124	30	18	18	11
F24J2/04	1597	78	178	108	84	64	100	60	40	38
F24J2/05	2091	3	4	11	18	2	14	14	7	8
F24J2/24	1884	31	32	23	29	5	4	27	18	11
F24J2/40	1538	40	30	30	10	14	4	3	6	11
F03G6/06	948	4	19	64	44	13	25	57	17	3
E04D13/18	430	266	13	59	31	74	10	29	18	52
F24J2/34	605	25	40	38	39	14	3	34	18	8

　　为了进一步对比每个国家或地区在太阳能光伏发电、太阳能热水器技术的技术优势点，这里将申请量较多的国家和地区的专利 IPC 分类进行比较，将专利技术所述的直接小类且数量较多的分类进行比较。如图 2-6 和表 2-6 所示，整体上专利年申请量和各个小类的专利数量呈现正比例关系，但是差异还是存在的。中国在 F24J2/46、F24J2/00 方面总量较多，占比也较大，而在 E04D13/18 方面日本专利占比大于中国专利。另外，美国和韩国 F24J2/04 小类的专利申请量比例接近日本和中国在该领域的占比，明显优于其在 F24J2/46、F24J2/00 中比例。所以，各个国家或地区由于资源、文化、市场及历史条件等因素的不同，有时候会在技术研发方向方面产生明显影响。所以在考虑技术研发或借鉴其他单位专利技术时，需要根据企业的研发方面和优势技术选择合适的对象；同时也提醒企业，产品在进入一个新的市场时，要充分考虑目标市场的特点，考虑文化、风俗习惯对产品可能带来的影响，而不能想当然的把一个市场的产品套用在另一个市场，这样虽然大多数时候是可行的，但失败的案例也不胜枚举。在这方面也是有可借鉴的经验的，如苹果 iPhone 的土豪金色以及 iPhone6s 的玫瑰金色，微软在本地化方面的努力也值得借鉴。

2.6 各国申请人在华太阳能技术专利申请布局

　　图 2-6 和表 2-6 展示的是分析对象中专利的申请人国别分布情况，仅统计

中国专利情况。通过该分析可以了解来自不同国家的申请人在中国申请保护的专利数量，从而可以了解各国创新主体在中国的市场布局情况、保护策略及技术实力。

从全球市场的竞争格局来看，如图 2-6、表 2-6 所示，在检索到的 15515 件中国专利中，中国申请占 98.07%，而国外布局只占了 1.93%，比例较低。一般情况下进行国际布局的专利技术含量较高，如果考虑到这点，中国专利中国内外申请的比例估计有 8∶1 或者 9∶1 甚至更高。假设中国专利中中国有效申请和国外申请的比例是 9∶1，那么意味着一个包括 10 个中国专利技术的太阳能热水器，我们只需要向外国人购买 1 件专利授权，在不考虑国外专利的情况下，也许只有 10%，甚至更低的利润流出国外，而国内利润可达 90% 甚至更高。

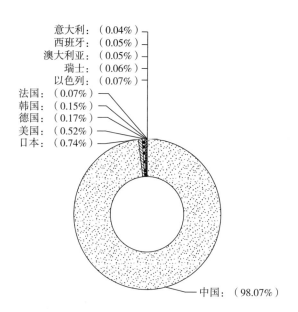

图 2-6 外国申请人在华太阳能技术专利申请布局

表 2-6 太阳能技术专利技术构成 单位：件,%

专利申请人国别	专利数量	比例
中国	15215	98.07
日本	115	0.74
美国	80	0.52
德国	27	0.17

专利申请人国别	专利数量	比例
韩国	24	0.15
法国	11	0.07
以色列	11	0.07
瑞士	10	0.06
澳大利亚	8	0.05
西班牙	8	0.05

在中国专利布局最多的国家有日本、美国、德国、韩国等国，分别占中国专利申请量的 0.74%、0.52%、0.17%、0.15%。日本、美国、德国、韩国的太阳能热水器和太阳能光伏发电技术，尤其是在目前的太阳能热水（系统）的研发中也拥有较多的核心专利，且在中国进行了较多的专利布局。日本、美国、德国、韩国不仅在太阳能热水（系统）领域技术实力雄厚，这些国家都有不少实力雄厚的太阳能热水器和太阳能光伏发电研发机构和生产企业，不仅在中国进行专利布局，在很多国家进行了专利布局。将核心专利技术进行全球布局是企业为了最大程度保护企业自身利益，另外也体现出该技术的价值，因此在全球较多国家进行专利布局的专利也是我们重点关注的目标，相关企业也是我们重点监测和学习的对象。

第3章 国内太阳能技术专利申请状况分析

由第 2 章的分析可知，中国近几年是太阳能光伏发电和太阳能热水器技术发展最快的几个国家之一，而且对于国内市场，更值得深入研究。另外，基于语言、文化、便利程度考虑，国内企业都是我们最容易学习的对象。为了对我国太阳能光伏发电和太阳能热水器领域的专利状况进行大致的分析，本章借助 incoPat 专利检索工具，针对我国国内太阳能光伏发电和太阳能热水器技术进行检索。其中，这里所说国内专利是指中国专利，即专利申请提交给中国国家知识产权局或国际申请进入中国阶段，并由国家知识产权局公布或公告的专利，本书随后所用国内专利，都是指该意义。检索发现中国太阳能光伏发电和太阳能热水器领域的专利共有 14422 件（已去重，合并同族后 14308 件），其中中国发明申请 3487 件，发明授权 1164 件，实用新型 9771 件。分析结果如下：

3.1 国内太阳能技术专利申请趋势分析

专利申请趋势侧面反映了专利技术的发展历程，从其申请量变化中可以了解各阶段技术创新情况。

如图 3-1 和表 3-1 所示，截至 2016 年我国申请已公开太阳能光伏发电和太阳能热水器专利 14422 件，并于 2012 年达到了申请量的阶段性顶峰，该年专利申请量为历年之最共计 1906 件。并且，我国专利申请趋势和世界专利申请趋势基本吻合，从 2005 年以后我国太阳能光伏发电和太阳能热水器专利逐年上升，这种上升趋势在 2008 年迅速大幅攀升，直到 2012 年达到顶点，年申请量达 237 件。特别是最近几年，我国太阳能光伏发电和太阳能热水器技术研发已经走在了世界前沿，目前国内几家太阳能光伏发电和太阳能热水器企业实力完全可以和日、美、韩等国大企业抗衡，甚至远超日、美、韩等国大企业，显示出我国已经跨越了纯粹吸收、消化的阶段，已进入技术再创新的阶段。

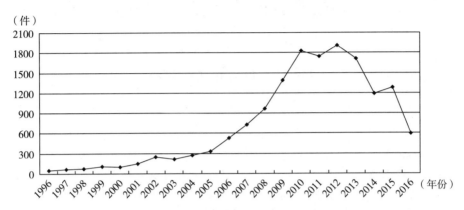

图3-1 国内太阳能技术专利年度申请趋势

表3-1 国内太阳能技术专利年度申请   单位：件

申请年份	专利数量
1996	50
1997	64
1998	78
1999	105
2000	101
2001	148
2002	248
2003	217
2004	272
2005	328
2006	530
2007	726
2008	967
2009	1389
2010	1830
2011	1748
2012	1909
2013	1714
2014	1190
2015	1281
2016	593

3.2　国内重要太阳能技术专利申请人分析

专利申请人的专利申请量排行可以了解当前技术创新的核心领军机构，判断该领域的技术竞争现状并发现潜在竞争对手，对于领域内的领军机构可重点关注其研发动态。

在专利申请人申请量排名中，北京印刷学院的表现最为突出共申请专利 161 件，无锡同春新能源科技有限公司与昆明理工大学也不甘示弱，分列第二与第三位。这三个申请人需重点加以关注，其专利申请在一定程度上可以代表当前技术发展的方向。其中，北京印刷学院对于该技术的关注度最高，在国内也拥有较为明显的技术优势，根据专利内容，其研究的主要方向集中在光辐射直接转变为电能的发电机（太阳能电池或其装配件本身入 H01L25/00，H01L31/00）方面。

如图 3 - 2、表 3 - 2 所示，中国专利申请人中，前 10 名的专利申请总量（650 件）占国内申请总量（14422 件）的 4.50%；前 20 名的专利申请总量（1029 件）占国内申请总量（14422 件）的 7.13%。因此，不管是从各个专利权人专利申请总量还是前 10、前 20 名申请人拥有专利比例来看，该领域都不存在一家独大的情况。如表 3 - 2 所示，专利数量最多的北京印刷学院有 161 件专利，

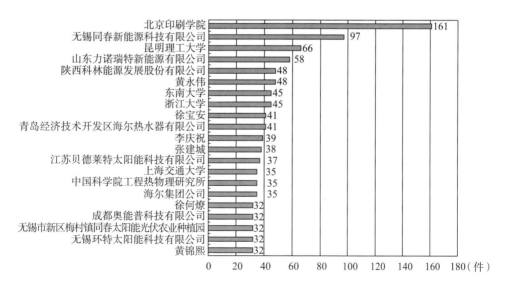

图 3 - 2　国内重要太阳能技术专利申请人分布

太阳能应用技术专利分析及对策研究

第 10 名的李庆祝拥有 39 件专利，第 20 名的黄锦熙拥有 32 件专利，第一名和第
10 名、第 20 名存在较大差距，而第 10 名和第 20 名差距较小。说明太阳能光伏
发电和太阳能热水器行业既存在实力雄厚的老牌公司又不乏踌躇满志的新兴企
业，整体上不存在对市场有绝对垄断的巨无霸企业。拥有少量专利的企业数量众
多、专利权人分散，包含企业、研究机构、大学以及个人申请人，也足以说明该
领域的竞争门槛不高，对广大小企业也许是个利好的消息。

表3-2　国内重要太阳能技术专利申请人分布　　　　　单位：件

申请人	专利数量
北京印刷学院	161
无锡同春新能源科技有限公司	97
昆明理工大学	66
山东力诺瑞特新能源有限公司	58
陕西科林能源发展股份有限公司	48
黄永伟	48
东南大学	45
浙江大学	45
徐宝安	41
青岛经济技术开发区海尔热水器有限公司	41
李庆祝	39
张建城	38
江苏贝德莱特太阳能科技有限公司	37
上海交通大学	35
中国科学院工程热物理研究所	35
海尔集团公司	35
徐何燎	32
成都奥能普科技有限公司	32
无锡市新区梅村镇同春太阳能光伏农业种植园	32
无锡环特太阳能科技有限公司	32
黄锦熙	32

3.3 国内重要太阳能技术专家分析

参与专利申请的发明人在一定程度上代表了技术创新的重要专家，其参与的专利申请量的多寡可以反映出其科研水平，可为技术人才的引进提供参考。

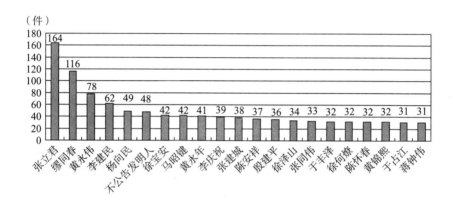

图 3-3 国内重要太阳能技术专家排名

表 3-3 国内重要太阳能技术专家排名 单位：件

发明（设计）人	专利数量
张立君	164
缪同春	116
黄永伟	78
李建民	62
杨向民	49
不公告发明人	48
徐宝安	42
马昭键	42
黄永年	41
李庆祝	39
张建城	38
陈安祥	37
殷建平	36

续表

发明（设计）人	专利数量
徐泽山	34
张同伟	33
于丰泽	32
徐何燎	32
陈怀春	32
黄锦熙	32
于占江	31
蒋钟伟	31

在国内，张立君、缪同春、黄永伟和李建民是关于太阳能光伏发电和太阳能热水器技术的专利申请参与度最高的几位发明人，这几位发明人同样也是国内走在该技术领域的前沿科研人员，在进行技术合作和人才引进的时候可作为参考，根据专利内容，其研究的主要方向集中在太阳能集热器的构件、零部件或附件和光辐射直接转变为电能的发电机（太阳能电池或其装配件本身入 H01L25/00，H01L31/00）设备方面。

3.4　申请人专利技术构成分析

图 3-4 和表 3-4 展示的是分析对象在各技术方向的数量分布情况。通过该分析可以了解分析对象覆盖的技术类别，以及各技术分支的创新热度。

目前领域内的专利申请主要集中于 H02N6/00，由此说明当前该领域的技术研究热点是光辐射直接转变为电能的发电机（太阳能电池或其装配件本身入 H01L25/00，H01L31/00）；F24J2/34 的专利申请量相对较少，说明有贮热体的创新稍显薄弱。

从图 3-4 和表 3-4 中也可以看出，不同申请人的关注点不同，如北京印刷学院在 H02N6/00、F24J2/24 方面的专利较多，其他领域专利很少；昆明理工大学则对 F24J2/46 太阳能集热器的构件、零部件或附件比较感兴趣。分析各申请人的关注点，不仅是为了了解市场的研发方向，申请人可以根据自己的技术优势和兴趣，以及对市场的定位和预期，合理选择潜在的合作对象或者说技术监控对象。

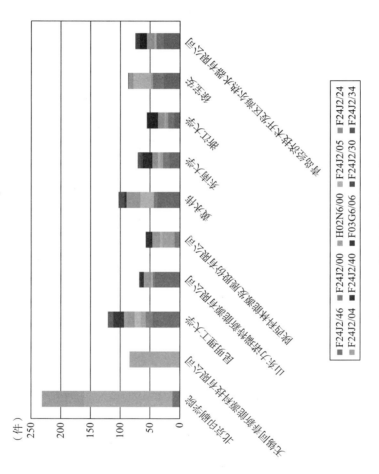

图 3－4　申请人专利技术构成

表3-4 申请人专利技术构成

单位：件

IPC分类号（小组）	北京印刷学院	无锡同春新能源科技有限公司	昆明理工大学	山东力诺瑞特新能源有限公司	陕西科林能源发展股份有限公司	黄永伟	东南大学	浙江大学	徐宝安	青岛经济技术开发区海尔热水器有限公司
F24J2/46（太阳能集热器的构件、零部件或附件）	13	0	46	42	0	38	18	10	28	28
F24J2/00 [太阳热的利用，如太阳能集热器（利用太阳能蒸馏或屋面覆盖物 C02F1/14；能量收集装置的发水人 E04D13/18；利用太阳能产生机械动力的装置入 F03G6/00；专门适用于把太阳能转换成电能的半导体器件入 H01L25/00，H01L31/00；包含有利用热能的太阳能电池阵列的半导体器件]	0	1	12	4	9	6	11	10	18	12
H02N6/00（光辐射直接转变为电能的发电机（太阳能电池或其配件本身入 H01L25/00，H01L31/00）[4]）	148	83	8	0	21	0	4	4	3	0
F24J2/05（由透明外罩所包围的，如真空太阳能集热器 [6]）	0	1	10	2	4	23	4	2	30	3
F24J2/24（工作流体流过管状吸热管道的 [4]）	71	0	12	5	1	21	7	0	3	4

续表

IPC 分类号（小组）	北京印刷学院	无锡同春新能源科技有限公司	昆明理工大学	山东力诺瑞特新能源有限公司	陕西科林能源发展股份有限公司	黄永伟	东南大学	浙江大学	徐宝安	青岛经济技术开发区海尔热水器有限公司
F24J2/04（工作流体流过集热器的太阳能集热器 [4]）	0	0	6	8	12	2	3	11	4	9
F24J2/40（控制装置 [4]）	0	0	14	6	6	3	6	8	1	12
F03G6/06（带聚积太阳能装置的 [5]）	0	0	4	0	5	0	10	10	0	0
F24J2/30（带有在多种流体之间进行热交换装置的 [4]）	0	0	1	2	0	10	3	0	0	6
F24J2/34（有贮热体的 [4]）	0	0	8	0	0	0	5	1	0	1

3.5 太阳能技术专利法律状态分析

图 3-5 和表 3-5 展示的是专利最新的法律信息，仅统计中国专利。专利的法律状态在侵权诉讼、产品引进、产品出口、技术转让、企业并购、新产品开发、新项目申报等方面都有重要作用。通过分析当前法律状态的分布情况，可以了解分析目标中专利的权利状态及失效原因，以此作为专利价值或管理能力评估、风险分析、技术引进或专利运营等决策行动的参考依据。

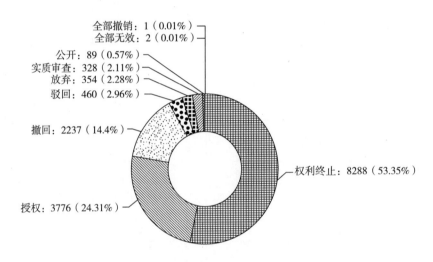

图 3-5 太阳能技术专利法律状态分布

专利法律状态不仅是该技术领域研发质量和研发热度的反应，也在一定程度上该领域专利的审查进度、专利质量等信息，是专利技术的重要情报信息。从图 3-5 和表 3-5 中可知，目前有效专利比例是 26.99%，包括在审、授权、公开，无效专利占 72.99%，包括撤回、驳回、权利终止和放弃。另外驳回的比例是 2.96%，这个比例算是很低的，驳回比例低有两种可能：一是实质性审查把关相对宽松，二是申请人专利质量较高。再对比撤回率为 14.4%，作为申请人如果对自己申请的专利技术很有信心和期待的话，应该说不会轻易撤回的，而这里14.4% 的撤回率远远大于 2.96% 的驳回率，可以预测较低的驳回率很有可能是第一个原因，即实质性审查把关相对宽松。当然这里的驳回和撤回都没有指明具体申请人，因此不能断定该领域专利质量都不高，因为有可能是某些申请人专利撤回率较高，从而造成该领域专利质量不高的假象，也是绝对有可能的。为了更深层的研究相关专利技术的质量，将在重点申请人部分再具体分析。

表3-5　太阳能技术专利法律状态分布　　　　单位：件

当前法律状态	专利数量
权利终止	8288
授权	3776
撤回	2237
驳回	460
放弃	354
实质审查	328
公开	89
全部无效	2
全部撤销	1

第 4 章　主要太阳能技术专利申请人分析

对世界和国内太阳能应用技术的整体状况分析，可以了解整个行业的技术发展水平、研发方向及关注焦点，正确定位企业在整个行业的位置，也能够指导本企业的技术研发，识别本行业前沿技术，进而加以借鉴、学习。当然，仅掌握整体状况还不足以确保企业能够掌握前沿技术动态、把握市场的主动权。兵法曰：知己知彼，百战不殆。市场犹如战场，企业也需要这种精神，监视竞争对手动态，掌握合作伙伴情况，把握每个主要参与者情况，这样方可做到运筹帷幄、抢占先机。本章的重点就是分析该领域主要申请人的状专利状况，根据本企业的技术情况，识别行业竞争对手、潜在竞争对手、合作伙伴、潜在合作伙伴以及重点监视与学习对象等，能够通过专利情报信息第一时间为企业研发人员提供有价值的技术和市场情报。

4.1　国内主要申请人分析

国内太阳能技术专利主要申请人如表 4 - 1 所示。

表 4 - 1　国内主要太阳能技术专利权人　　　　　　单位：件

申请人	专利数量
北京印刷学院	161
无锡同春新能源科技有限公司	97
昆明理工大学	66
山东力诺瑞特新能源有限公司	58
陕西科林能源发展股份有限公司	48

续表

申请人	专利数量
黄永伟	48
东南大学	45
浙江大学	45
徐宝安	41
青岛经济技术开发区海尔热水器有限公司	41
李庆祝	39
张建城	38
江苏贝德莱特太阳能科技有限公司	37
上海交通大学	35
中国科学院工程热物理研究所	35
海尔集团公司	35
徐何燎	32
成都奥能普科技有限公司	32
无锡市新区梅村镇同春太阳能光伏农业种植园	32
无锡环特太阳能科技有限公司	32
黄锦熙	32

　　从表 4-1 可以看出,我国太阳能热水器和太阳能光伏发电专利技术主要申请人既有能源公司、电器公司,也有个人、高校和科研机构,且个人和这几类单位都拥有不少专利。本章将对各个对手的专利状况进行分析,分析每个专利申请人的优势技术领域,高价值专利等信息,挖掘有关竞争对手专利价值,为企业决策、研发和专利布局提供信息情报支持。

　　如表 4-1 所示,排名靠前企业相关专利相对较多,说明专利分布较集中。我国企业的技术研发水平相对偏低,在基础研究方面投入较少,所获得专利方面主要以实用新型为主,发明专利占比低。同时,企业生产技术自动化程度不高,产品质量控制与国际行业巨头有较大差距。我国太阳能热水器和太阳能光伏发电领军企业的各个生产环节虽然也实现了自动化,但仍有较多环节还依赖人工。此外,由于知识产权和认证等方面缺失,我国大部分企业难以参与国际竞争,这也使得国内市场竞争异常激烈。

4.1.1　无锡同春新能源科技有限公司

　　无锡同春新能源科技有限公司是一家有限责任公司,法人是缪江桥,主要面向全国市场，客户群为个体。员工人数89人，公司经营模式为生产加工，不断提升企业的核心竞争力，使企业在发展中树立起良好的社会形象。主营范围：光伏产品、风力发电设备、教学用具、电子产品、玩具、模型、机械设备、电机、集成电路、仪器仪表、计算机软件，凭借专业的水平和成熟的技术，公司将始终坚持"质量第一，信誉第一"的宗旨，以科学的管理手段，雄厚的技术力量，将不断深化改革，创新机制，适应市场，全面发展。

检索发现，无锡同春新能源科技有限公司名下拥有发明专利申请685件、实用新型530件，以该公司的全部专利为分析对象，检索得到该公司全部专利数量为1265件，其中发明授权155件，授权率为25.69%，该公司全部专利法律状态分布如下：

从图4-1可以看出，虽然无锡同春新能源科技有限公司专利授权率较低，但该公司只在最近几年开始申请专利，考虑到专利的审查周期，还不能断定该公司专利质量不高。另外该公司专利撤回率为32.65%，因此可以认为该公司前期专利保护意识较强，在2010年开始专利布局，其专利技术值得参考。专利价值度是参考技术稳定性、技术先进性和保护范围三个方面20余个参数，对专利进行分析后得出的关于专利价值的综合评价指标。研究申请人专利的价值度评分分布情况，可以宏观了解申请人的专利质量，从而客观评价申请人在专利方面的竞争实力。为了进一步挖掘无锡同春新能源科技有限公司的高价值专利，我们利用incoPat专利价制度排序，进行检索得到以下信息：

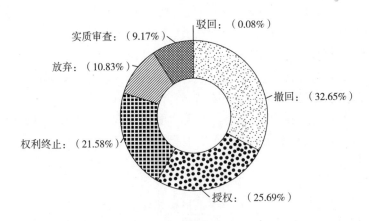

图4-1 专利法律状态分布

专利CN101833109A，一种太阳能光伏发电系统应用在地震测预报仪器上的供电装置，属于新能源应用技术领域。太阳光照射安装在山体上的太阳能电池产生直流电，直流电通过导电线输入控制器调整后、接着输入逆变器转换成交流电，一部分交流电驱动地动仪测量地壳垂直方向运动的变化数据，数据信息通过传感器甲、发射天线甲和无线电波传送到设在另一座山体上的地震台顶部的电波接受天线和地震台内部的信息处理系统；另一部分交流电驱动声波测距仪测量地壳水平方向运动的变化数据，数据信息通过传感器乙、发射天线乙传送到电波接受铁塔和信息处理系统，进行及时分析处理。在野外增加由太阳能光伏发电系统供电的地震测报网点，有助于人类加强对地震灾害的监控。该专利已转让给南通欧通建材有限公司，同族专利数量2件，合享专利价值度分析如下：

合享价值度评分：**9**/10分

7/10分

10/10分

1/10分

技术稳定性

技术先进性

保护范围

• 有效的发明专利，稳定性好

• 无诉讼行为发生

• 未发生过质押保全

• 申请人未提出过复审请求

• 未被申请无效宣告

• 该专利及其同族专利在全球被引用2次，先进性一般

• 涉及3个IPC小组，应用领域较广泛

• 研发人员投入1人

• 未发生许可

• 曾发生转让

• 有2项权利要求

• 剩余有效期4358天

• 在1个国家申请专利布局

太阳能光伏发电系统应用在地震测报仪器上的供电装置

`有效` `转让`

申请人	无锡同春新能源科技有限公司
申请日	20100531
公开(公告)号	CN101833109A
公开(公告)日	20100915

专利　CN102388772A，太阳能光伏发电系统用于蔬菜大棚控制温湿度的调控装置，属于新能源物联网技术领域。太阳光照射太阳能电池产生电流、电流通过导电线输入控制器调整、一部分电流输入储能电池，一部分电流通过导电线输入逆变器转换成交流电，交流电输入分流器分成两股电流，一股电流向蔬菜大棚内的温度传感器和湿度传感器供电，将感知到的温度信息和湿度信息通过各自的发射天线发送电信号至调控温湿度的计算机指挥部，调控温湿度的计算机指挥部通过其发射天线发出指令，温度调控器接收天线接收温度调控指令后、由温度调控器调整大棚内的温度，湿度调控器接收天线接收湿度调控指令后、由湿度调控器调整大棚内的湿度，使温湿度环境适合蔬菜生长的要求。该专利已转让给南通

欧通建材有限公司，同族专利数量 2 件，合享专利价值度分析如下：

合享价值度评分：**9**/10分

7/10分	9/10分	1/10分
技术稳定性	技术先进性	保护范围
• 有效的发明专利，稳定性好	• 该专利及其同族专利在全球被引用7次，先进性较好	• 有3项权利要求
• 无诉讼行为发生	• 涉及1个IPC小组，应用领域一般	• 剩余有效期4770天
• 未发生过质押保全	• 研发人员投入1人	• 在1个国家申请专利布局
• 申请人未提出过复审请求	• 未发生许可	
• 未被申请无效宣告	• 曾发生转让	

太阳能光伏发电系统用于蔬菜大棚控制温湿度的调控装置

`有效` `转让`

申请人	无锡同春新能源科技有限公司
申请日	20110717
公开(公告)号	CN102388772A
公开(公告)日	20120328

专利 CN202302540U，一种带太阳能光伏发电增加壁温装置的输送石油管道，属于新能源应用技术领域。在输送石油管道的两座加热站之间的输油管道上，按照一定的间隔距离安装带太阳能光伏发电的增加壁温装置。阳光照射安装在光伏固定装置上的太阳能电池产生直流电，直流电通过导电线输入控制器进行调整、接着输入逆变器转换成交流电，从逆变器输出的交流电输入电热增温套，在电热增温套内电能转换成热能，热能用于增加输油管壁的温度和输油管周围的环境温度，输油管道壁温的适度提升有利于保持输油管内的原油的适合输油温度，有利于减少输油管内壁上的蜡沉积物，确保开采石油所得的原油从油田的油井抽出来后，通过输油管道顺畅输往炼油厂。该专利已转让给中航光合（上海）新能源有限公司，合享专利价值度分析如下：

合享价值度评分：9/10分

8/10分

技术稳定性

• 有效的实用新型专利，稳定性一般

• 无诉讼行为发生

• 未发生过质押保全

• 申请人未提出过复审请求

• 未被申请无效宣告

9/10分

技术先进性

• 该专利及其同族专利在全球被引用5次，先进性较好

• 涉及2个IPC小组，应用领域一般

• 研发人员投入1人

• 未发生许可

• 曾发生转让

10/10分

保护范围

• 有5项权利要求

• 剩余有效期1207天

• 在1个国家申请专利布局

一种带太阳能光伏发电增加壁温装置的输送石油管道

有效　转让

申请人　　无锡同春新能源科技有限公司
申请日　　20111012
公开(公告)号　CN202302540U
公开(公告)日　20120704

经检索分析后，发现无锡同春新能源科技有限公司多数高价值专利皆以转让方式实现成果转化，以下是该公司的专利转让情况分析：

图4-2展示的是各年度专利权利发生转移的专利数量变化趋势。通过该分析可以通过该分析可以了解分析对象在不同时期内的技术合作、转化、应用和推广的趋势，反映技术的运营和实施热度。通过分析技术转化量的变化情况可以了

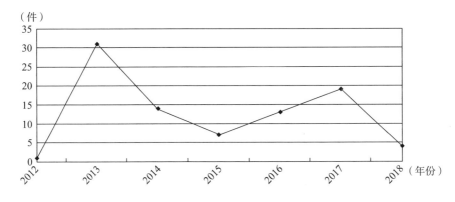

图4-2　转让趋势

解分析对象在不同时段内成果转移的方向和热度，进而预测技术的发展方向和未来的市场应用前景。

通过表4-2分析可以识别各创新主体技术输出活跃度，对寻找转让技术持有人提供参考依据。通过对转让主体转让的专利进一步分析，可以推测其技术研发或市场运营方向的变化情况。

表4-2 转让人排名   单位：件

转让人	专利数量
无锡同春新能源科技有限公司	87
肖伟新	3
江苏通达动力科技股份有限公司	2
广东高航知识产权运营有限公司	1
温旺平	1
胡辉	1
蒋道伟王勋	1

4.1.2   山东力诺瑞特新能源有限公司

山东力诺瑞特新能源有限公司是由中国力诺集团与德国 Paradigma 公司共同投资成立的中外合资企业，于2001年4月30日正式注册成立；是一家在太阳能及其他新能源领域集科研、生产、销售、国际贸易于一体的综合型高科技企业。

企业已通过 ISO9001、ISO14000、OHSAS18000、CCC 强制认证、中国环境标志太阳能产品认证及金太阳认证。国内首家通过欧洲 SolarKeymark 认证、通过澳大利亚 AS2712 认证；通过台湾省工业技术研究院能源与环境研究所的检定；集热器通过美国 SRCC、德国 TUV 机构认证；通过了韩国可再生能源设备认证等。先后获得"中国名牌""中国驰名商标"等荣誉，曾在2005年获得"国家免检"荣誉（现国家已废止），并获得太阳能行业唯一一块"绿色之星"的奖牌。

力诺瑞特拥有合作方德国 Paradigma 公司世界领先的、三代以上的技术储备和国际太阳能热利用技术专家；拥有一支高素质、高效率、适应市场需求的研发队伍；拥有全球领先的多项太阳能综合应用技术；拥有行业内近百项技术专利，形成自主知识产权，参与行业内多项标准编制研究；拥有同步世界太阳能先进的工艺、设备和技术，全自动生产流水线、CPC、U 型集热器生产线全部实现欧洲最高标准，达到国际先进水平。自主创新是力诺瑞特持续发展的发动机和助推剂，力诺瑞特以提升技术，提升设备，提升产品为重点，创造了太阳能光热领域数个中国第一。国内第一家研发推广分体式太阳能热水系统的企业，经省技术创新产品鉴定，三项技术填补国内空白，产品达到国际领先水平。研发推广国内第一台完全符合欧洲标准的 CPC、U 型真空管集热器，产品获得国家专利，通过省级科技成果鉴定，技术总体水平达到国际领先，年产 50 万台 CPC、U 型全玻璃真空管集热器项目，获《国家高新技术产业化可再生能源和新能源专项》专项资金支持。全球首创采用不破坏臭氧层发泡材料的太阳能热水器，引领太阳能行业进入全环保时代，得到国家环保总局、国际环保项目 PU 合作基金支持。研发国内第一台无阻传导——Ag3.2W 集热器，在西藏海拔 5000 米、温差近 60 度的高原边防哨所能够连续正常工作，并在 27 个国家获得发明专利。由德国政府资助、斯图加特大学援建的国内唯一的 ENISO 太阳能检测中心在力诺瑞特建成运行，实现了中国太阳能产品检测与国际接轨；国内独家研发推广的冷凝式太阳能燃气锅炉，实现太阳能与常规能源的一体化结合；力诺瑞特还依靠自主创新，研发了引领太阳能热利用进入 3.0 时代的、集热水供应采暖为一体的国际最先进的、智能化程度最高的的 Aqua 系统。力诺瑞特自主研发的大面积太阳能热水工程技术、太阳能采暖制冷技术、太阳能中高温应用技术，都引领了太阳能行业的发展方向。力诺瑞特是目前国内太阳能行业里唯一一家承担"国家火炬计划"——"太阳能热利用系统"的企业。2008 年 3 月，力诺瑞特与古巴签署技术输出合同，打破了我国太阳能行业无技术出口的历史，首次实现中国太阳能技术的国际输出，标志着力诺瑞特太阳能热利用技术达到国际先进水平。作为国内太阳能行业"太阳能与建筑一体化"引领企业，力诺瑞特率先提出太阳能与建筑一体化概念，并进行深入研究和实验，掌握了太阳能与建筑结合的核心技术，带动国内太阳能与建筑一体化结合的快速发展。成功运作上海三湘热水工程、上海市埔东国际机场太阳能工程、北京军区总参人武部工程、国家广电总局无阻传导 Ag3.2W 集热器工程等近千套大型太阳能工程。

其中，杭州长岛绿园热水工程，获评联合国"人居奖"；上海建科院工程，获得全国绿色建筑创新奖、建筑工程综合类项目一等奖；宁波"维科、水岸心境"太阳能工程，成为"建设部住宅节能示范小区"；全国最大的太阳能综合利用工程——唐冶新城工程，成为国内外太阳能光热、光伏一体化应用的典范。在工程推广实践的基础上，力诺瑞特还在国内首家出台《太阳能热水系统建筑一体化设计与应用》标准图集，为太阳能与建筑同步设计、同步施工、同步验收、同步管理提供技术标准，成为全国第一部最全面、最具代表性的太阳能与建筑一体化图集。上海市、北京市、河南省、浙江省、青海省、海南省等 20 多个省市，都以此为基础，制定推广"太阳能与建筑结合"规划。鉴于力诺瑞特在太阳能与建筑一体化方面做出的突出贡献，住宅与城乡建设部授予力诺瑞特"太阳能应用与建筑一体化项目"住宅产业贡献金奖，成为太阳能行业唯一一家通过"建筑产品/住宅部品康居认证"的企业，获得住宅与城乡建设部批准设立的、太阳能行业唯一一家国家级的太阳能推广基地——"国家住宅产业化基地"。山东省委党校也将力诺瑞特认定为济南市第二家教学基地。作为一家国际化的太阳能应用推广企业，力诺瑞特通过全球领域的太阳能技术交流，国际高端技术合作取得突破性进展。先后与世界领先的德国 Paradigma、德国斯图加特大学、德国胡赫公司合作，与世界 500 强之一的美国霍尼韦尔集团合作，与古巴政府合作等。依靠国际交流合作，力诺瑞特太阳能成为印度最大的太阳能供应商，成为日本政府指定太阳能工程用集热器，成为韩国工程市场中市场份额最高的真空管集热器，成为唯一通过南非政府测试中国产品。力诺瑞特国际贸易拓展到全球 6 大洲 30 多个国家和地区。力诺瑞特还借助力诺集团与清华大学合作。成立的"清华力诺能源光电子研究所"，建立全球最前沿的太阳能光热研发机构，研发世界第一的太阳能光热技术；与山东建筑大学实现战略性合作，成立国内第一个太阳能与建筑一体化本科专业；与济钢集团合作，实现新材料、新能源领域的战略联合，推动太阳能行业快速发展；与浪潮集团强强联合，引领太阳能 LED 应用进入双核时代。在太阳能与建筑一体化领域，力诺瑞特与国内设计院所进行了广泛直接的合作，与中国建筑标准研究院、中国建筑科学研究院、上海建科院、上海现代建筑设计集团、西安建大、浙大设计院及绿城设计院等建筑设计部门都建立了长期稳定的交流合作关系。"尽阳光责任、创世界品牌"，力诺瑞特以"成为中国和世界一流的太阳能产业领域的专家型制造商和世界太阳能知名品牌运营商"为战略目标，在中国打造全球最大的太阳能光热、光伏光电工程综合利用基地，成为集研发、设计、制造、销售（推广）多方面功能的，集太阳能光热、光伏光电多类型多方面利用的，以品牌为纽带与中外企业和科研单位在技术、资本、资源等方面实行多层次合作的综合性企业。

　　力诺瑞特公司自成立以来，秉承"创造需求，领变市场"的企业宗旨，将"站在科技的前沿，以发展新能源事业为己任，引领、推动太阳能和其他新能源事业的发展"作为企业的经营理念，精心打造国际品牌，领变太阳能市场潮流，使企业获得了持续、稳定、高速的发展，已成为目前中国太阳能行业内发展速度最快的企业。力诺瑞特自成立以来就致力于降低中国建筑能耗的主流事业中来，率先提出"太阳能与建筑一体化"理念，成功地从国外引进分体式太阳能热水中心和大型集热工程控制中心，促使中国的建筑与太阳能的完美结合，并成功与国际接轨。有大批样板工程，成为国际太阳能热利用系统的重要集成商。《民用建筑太阳能热水器系统应用技术规范》的主要参与编订者，使得民用太阳能热水器的使用有规范可依。

Paradigma 公司在德国巴登弗特堡州的（Baden – Württenberg）卡尔斯鲁厄（Karlsruhe）市附近，交通便利，经济发达。在太阳能领域，Paradigma 公司的技术处于全球领先地位，拥有多项关键的太阳能热转换技术及两代以上的技术储备，并开发了著名的太阳能综合热系统。在德国，它有两家公司生产木材燃烧锅炉、太阳能集热器，是最大的真管开发商和生产商，建立的服务和销售网络遍及德国，甚至欧洲，真空管的产量占据德国的 45%，欧洲的 30%。德国 Paradigma 公司旗下有五个分公司，分别为瑞特太阳能有限公司暨两合公司、RNO 锅炉生产有限公司暨两合公司、意大利子公司销售公司、波兰子公司销售公司、（中德合资）山东力诺瑞特新能源有限公司。瑞特先生是 Paradigma 公司的老板，是德国著名的巧克力生产商，在致力于生态事业后，1997 年被评为德国生态经理人，1998 年获华环保事业的 Prognos 奖，1999 年和 2000 年获德国十字勋章。2006 年 Paradigma 公司因其 Aquasystem 产品的防冻液替代技术荣获了联邦奖，2006 年中欧经济活动会议"汉堡高峰会"中，力诺瑞特德方董事长瑞特先生获中欧可持续发展奖最高殊荣。Paradigma 公司的目标是成为世界级的开发和环保产品制造商，通过将自己定位为生态环保实业倡导者来主张减少废物排放和最大限度的利用可再生能源。

公司有太阳能空调、分体式太阳能热水中心、联集管式太阳能热水中心、普通太阳能热水器等几大系列上百个型号的产品，产品远销 30 多个国家和地区，如东南亚、澳大利亚、西欧、美国等；引进领先世界水平的德国太阳能生产技术，其中 CPC 陶瓷镜面反射板技术已在国内申请专利；拥有 50000 平方米的太阳能生产车间，具有每年 200 万平方米太阳热水系统和 100 万台普通太阳能热水器的产量的生产能力，建成与德国同步的现代化太阳能热水器生产流水线。其中分体式太阳能中心，它是由世界上领先的太阳能技术汇集而成，专为高层建筑、别墅设计，使得太阳能与建筑的真正完成了完美结合。

公司拥有约 3000 个销售网络，由全国各地诚信经销商汇总，不仅拥有近 10000 人的专业售后服务队伍，还有一支专业的太阳能工程设计施工队伍。公司已通过 OHSMS 1800 职业健康安全管理体系认证、ISO 9001 国际质量体系认证、"绿星"认证、国家强制安全认证（CCC）认证、ISO 14000 环境管理体系认证。公司还荣获了"国家免检""真空管辅助最有效太阳能系统""中国名牌"等荣誉称号，其中第二个荣誉称号是由澳大利亚 Greenplumbers 组织颁发的。目前，力诺瑞特公司是国内太阳能行业内成长最快速的企业，其经营理念是"站在科技的前沿，以发展新能源事业为己任，引领、推动太阳能和其他新能源事业的发展",其宗旨是"创造需求,领变市场",它不仅精心打造国际品牌,还引领太阳能市场潮流,使企业的发展持续、稳定、高速。从力诺瑞特成立到现在,一直致力于减少中国建筑能耗的主流。它开创了"太阳能与建筑一体化"的概念,成功引进了外国的大型集热工程控制中心、分体式太阳能热水中心,并在中国的建筑完美结合太阳能的过程中起了推进作用,成功融入国际社会。大量的示范工程已成为国际太阳能热利用系统的重要集合商。

检索发现,山东力诺瑞特新能源有限公司名下拥有发明专利申请56件,实用新型251件,其中发明授权37件,授权率高达66.07%。专利法律状态分布如下:

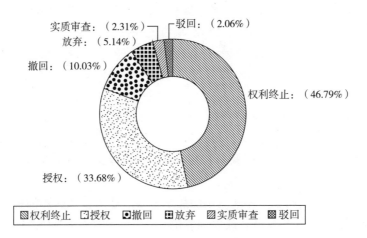

图4-3　专利法律状态分布

从图4-3可知,山东力诺瑞特新能源有限公司技术实力雄厚,且该公司很早就开始专利布局,其专利技术价值值得肯定,是很好的学些和模仿对象。为了进一步挖掘的山东力诺瑞特新能源有限公司的高价值专利,我们利用incoPat专利价制度排序,进行检索得到以下信息:

专利　CN201373488Y,一种太阳能采暖设备,其包括太阳能集热系统和锅炉供暖系统,通过设置在水箱内的温度传感器控制第一、第三通电磁阀和第二、第三通电磁阀动作,实现两个系统相互弥补,以达到节能减排的目的,并为用户提供温度稳定的生活用水。合享专利价值度分析如下:

专利CN101587025B,公开了一种太阳能集热器测试系统及测试方法,包括循环系统和数据采集系统,以及相匹配的控制系统,其特征在于:循环系统包括通过换热器互联的加热循环系统和制冷循环系统,其中加热循环系统与待测试集热器构成闭式循环系统,在其循环管路上设有加热装置、系统循环泵、流量计和

合享价值度评分：**9**/10分

8/10分	9/10分	10/10分
技术稳定性	**技术先进性**	**保护范围**
• 有效的实用新型专利，稳定性一般	• 该专利及其同族专利在全球被引用7次，先进性较好	• 有8项权利要求
• 无诉讼行为发生	• 涉及5个IPC小组，应用领域较广泛	• 剩余有效期236天
• 未发生过质押保全	• 研发人员投入3人	• 在1个国家申请专利布局
• 申请人未提出过复审请求	• 未发生许可	
• 未被申请无效宣告	• 未发生转让	

太阳能采暖锅炉

`有效`

申请人　　　山东力诺瑞特新能源有限公司
申请日　　　20090213
公开(公告)号　CN201373488Y
公开(公告)日　20091230

压力表，并至少在换热器热端出液口、加热装置出液口和集热器的进液口和出液口设有用于采集水温的温度传感器；制冷循环系统包括在其上水或回水管道上设置的电动三通阀，该电动三通阀的另一接口接于相对管道上；数据采集系统用于采集温度传感器的温度数据，以及周围环境参数；控制系统主要用于控制加热装置的状态和电动三通阀的开度，以获取稳定的太阳能集热器进液温度。该发明采用闭式循环系统以解决现有测试系统测试温度不高的问题，且采用多方位的数据采集和控制，易于控制和获取测试参数。合享专利价值度分析如下：

专利 CN201917086U，公开了一种分体太阳能系统，包括集热器和内置有换热部件的水箱，以及连接所述集热器与所述换热部件的循环管路，换热部件为带有翅片的小胆，该小胆还在竖直方向上设有一延伸出所述水箱的带有安全阀的排气管；其中小胆预留有膨胀空间。该实用新型结构紧凑，成本低且后期维护成本低。合享专利价值度分析如下：

4.1.3　青岛经济技术开发区海尔热水器有限公司

海尔集团热水器有限公司自 1986 年产中国第一代电热水器以来，已成为海尔集团最大的热水器产品设计和制造骨干企业之一。在全球拥有四大生产基地，

合享价值度评分：9/10分

9/10分	7/10分	10/10分
技术稳定性	**技术先进性**	**保护范围**
• 有效的发明专利，稳定性好	• 该专利及其同族专利在全球被引用2次，先进性一般	• 有10项权利要求
• 无诉讼行为发生	• 涉及1个IPC小组，应用领域一般	• 剩余有效期4012天
• 未发生过质押保全	• 研发人员投入5人	• 在1个国家申请专利布局
• 申请人未提出过复审请求	• 未发生许可	
• 未被申请无效宣告	• 未发生转让	

太阳能集热器测试系统及测试方法

`有效`

申请人	山东力诺瑞特新能源有限公司
申请日	20090619
公开(公告)号	CN201587025B
公开(公告)日	20101229

分别位于武汉海尔工业园、青岛经济技术开发区海尔工业园、青岛胶南海尔工业园、重庆海尔工业园。现已成为亚洲最大的热水器生产基地，年生产能力500万台，出口世界40多个国家，用户2000万余人。公司的主要设备来自德国、日本、意大利等国家进口，许多设备都具有网络化的特点，可以实现远程控制功能。公司产品包括12大系列500余种产品，分别为燃气热水器、电热水器、燃气两用加采暖炉、软水机、太阳能热水器、净水机等。

海尔热水器主要技术是从国外引进的，经过消化吸收和自主创新，海尔热水器在全球热水器技术领域占有领先地位。企业先后主导制定了储水式电热水器安全标准、储水式电热水器性能标准、储水式电热水器安装规范等多项国家标准。在燃气领域，海尔也成为了国家标准的编制单位。2017年12月，国际电工委员会采纳了海尔"防电墙"技术提案，此提案已经成为国际标准，以及国际热水器行业第一个由中国企业制定的国际标准，这标志着海尔热水器技术已经达到国际领先水平。2008年，海尔热水器公司成为奥运会帆船赛火炬燃烧系统制造商。在行业内，海尔热水器公司是中国家用电器协会副理事长单位、中国家用电器协会电热水器专业委员会会长单位、中国五金制品协会副理事长单位。通过连续创新来满足消费者的需求，据中怡康市场研究公司调查结果所得，海尔热水器的市场占有率已经连续 13 年位居前列。

合享价值度评分：$9_{/10分}$

$8_{/10分}$

_____

技术稳定性

• 有效的实用新型专利，稳定性一般

• 无诉讼行为发生

• 未发生过质押保全

• 申请人未提出过复审请求

• 未被申请无效宣告

$7_{/10分}$

_____

技术先进性

• 该专利及其同族专利在全球被引用1次，先进性一般

• 涉及1个IPC小组，应用领域一般

• 研发人员投入4人

• 未发生许可

• 未发生转让

$10_{/10分}$

_____

保护范围

• 有9项权利要求

• 剩余有效期932天

• 在1个国家申请专利布局

分体太阳能系统

`有效`

申请人	山东力诺瑞特新能源有限公司
申请日	20110110
公开(公告)号	CN201917086U
公开(公告)日	20110803

海尔热水器公司依据海尔集团"全球最佳美好住居解决方案服务商"的品牌战略提出了一个战略方针——做"全球最佳用水解决方案服务商"，通过产品、技术和服务的创新来不断满足客户的个性化需求，引领市场潮流和市场发展方向。2002 年通过技术创新——海尔研制的防电墙技术，不仅解决了我国普遍存在的电力环境安全问题，还成为了国际标准；CO 安全防护系统在 2008 年研制成功，它解决了 CO 超标即用户使用燃气热水器意外情况下产生的问题，获得国家专利；2009 年与中科院共同研发的 3D 速热技术，解决了储水式热水器加热速度慢的行业难题。

2009 年海尔成功研制了平板式太阳能热水器，解决了统热水器低楼层无法安装、防风防雹防冻能力差的问题；"零冷水"燃气热水器解决了传统燃气热水器开机总要出一段冷水的问题，实现了"开机零冷水、恒温零距离"的功能；2010 年得的软水机产品是与美国著名水处理企业联合开发的，不仅解决了中国大部分地区水质较硬的难题，还满足了客户在美容养颜和软化水质这两个方面的需求。

太阳能应用技术专利分析及对策研究

传统的家用储水式电热水器虽然安装方便，出水量大和水温稳定，但是加热速度慢，等待时间较长。针对这个问题，海尔热水器联合中科院力学研究所一起研发出了带 3D 功能的热水器，完全解决了加热速度慢，等待时间长的问题，利用 3D 速热技术实现了在短时间内产出超大量热水的目标。

2013 年 6 月世界权威独立调研机构英国建筑服务研究与信息协会（BSRIA）发布的最新调研结果显示，海尔热水器（全品类）占据世界 9% 的市场份额和海尔电热水器占据世界 17% 的市场份额表示它们占据全球第一。同时，海尔热水器被世界影响力组织评为"世界名牌"产品，海尔热水器成为唯一同时将全球第一和世界名牌收入囊中的品牌。海尔燃气热水器能够引领行业发展的技术有"蓝火苗专利技术""双安防专利技术""零动恒温技术"等。

检索发现，青岛经济技术开发区海尔热水器有限公司名下拥有发明专利申请 318 件、实用新型 406 件，以该公司的全部专利为分析对象，检索得到该公司全部专利数量为 1031 件，其中发明授权 73 件，该公司全部专利法律状态分布如下：

从图 4-4 可以看出，青岛经济技术开发区海尔热水器有限公司专利授权率为 67.12%，专利撤回率 0.29%，专利授权率比例较高，该公司专利技术具有较高的行业参考价值。为了进一步挖掘青岛经济技术开发区海尔热水器有限公司的高价值专利，我们利用 incoPat 专利价制度排序，进行检索得到以下信息：

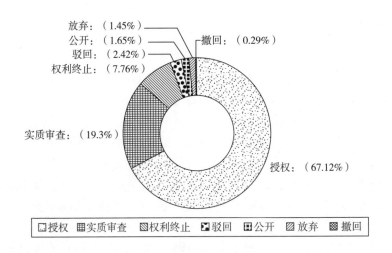

图 4-4　全部专利法律状态分布

专利 CN101650079A，一种太阳能热水器，包括：真空集热管和储水箱，储水箱包括从内到外依次紧密贴合设置的内胆、夹层胆、保温层和储水箱外壳，真空集热管和夹层胆内设置有换热介质，其特征在于，还包括与真空集热管连接的

合享价值度评分：9/10分

7/10分	9/10分	10/10分
技术稳定性	**技术先进性**	**保护范围**
• 有效的发明专利，稳定性好	• 该专利及其同族专利在全球被引用4次，先进性一般	• 有10项权利要求
• 无诉讼行为发生	• 涉及3个IPC小组，应用领域较广泛	• 剩余有效期3700天
• 未发生过质押保全	• 研发人员投入5人	• 在1个国家申请专利布局
• 申请人未提出过复审请求	• 未发生许可	
• 未被申请无效宣告	• 未发生转让	

太阳能热水器

`有效`

申请人	海尔集团公司；青岛经济技术开发区海尔热水器有限公司
申请日	20080811
公开(公告)号	CN101650079A
公开(公告)日	20100217

联集箱，联集箱的相对的两侧分别与上、下联集管的一端连接，上、下联集管的另一端与夹层胆连接。本发明提供的热水器于传统直插承压热水器的基础上，在联集箱上下相对的两侧设置联集管与内胆和保温层之间的夹层胆连接形成可循环通路，使换热介质通过联集箱及联集管进入到夹层胆，对内胆中的水进行加热，增大了加热面积，兼具保温作用，使加热、保温效果更好。合享专利价值度分析如下：

专利 CN1837711A，一种分体式太阳能热水器，包括由玻璃真空管组成的集热器，水箱，在集热器及水箱之间形成循环系统的集热器进水管与集热器出水管，设置在水箱上进冷水的水箱进水管和出热水的水箱出水管，保持集热器内与大气相通的排气孔，设置于集热器上的联集箱，设置于集热器进水管的常闭式电磁阀与水泵，以及控制上述循环系统的电脑控制板，集热器出水管上设置有仅供热水从集热器流向水箱的单向阀。由于采用玻璃真空管，因此成本显著降低，另外，在水箱与集热器之间的进水管上设置电磁阀和水泵，通过电脑板控制电磁阀和水泵工作，实现分体式太阳能热水器集热器与水箱之间的能量转换，因此大大提高了集热效率。合享专利价值度分析如下：

合享价值度评分：**9**/10分

7/10分

技术稳定性

- 有效的发明专利，稳定性好
- 无诉讼行为发生
- 未发生过质押保全
- 申请人未提出过复审请求
- 未被申请无效宣告

8/10分

技术先进性

- 该专利及其同族专利在全球被引用4次，先进性一般
- 涉及2个IPC小组，应用领域一般
- 研发人员投入3人
- 未发生许可
- 未发生转让

10/10分

保护范围

- 有9项权利要求
- 剩余有效期2465天
- 在1个国家申请专利布局

分体式太阳能热水器

`有效`

申请人	海尔集团公司；青岛经济技术开发区海尔热水器有限公司
申请日	20050325
公开(公告)号	CN1837711A
公开(公告)日	20060927

专利 CN101089510A，一种二次循环太阳能热水器，包括内胆，集热器，内胆下部通过出水管连接集热器进水口，集热器出水口通过回水管连接内胆上部，出水管管路上接近内胆的位置安装有水泵，内胆中盛有水或其他换热介质，该水泵可将内胆下部的换热介质抽送到所述集热器，经过集热器加热后的换热介质流回内胆的上部，内胆中安装有盘管，该盘管的进水口位于底部，并通过进水管连接内胆外的外部水源；该盘管的出水口位于上部，通过使用水出水管通向内胆外部；外部水源的水流入该盘管，在盘管中从内胆中的换热介质吸取热量，升温后的水从盘管上部的热水出水管流出。该发明建立了能量存储机制，能够更好的利用太阳能的能源特点，使能量在需要时可集中获得。合享专利价值度分析如下：

青岛经济技术开发区海尔热水器有限公司作为实力强劲的热水器企业，其专利价值非常大，且在热水器领域有较多专利，每一件专利都值得企业去研究参考，企业研发也可以取长补短，有所参考。这里限于篇幅不再列出，该公司研发实力和专利布局实力都很优秀，因此建议企业将青岛经济技术开发区海尔热水器有限公司作为重点监视和学习的对象，学习大公司技术以及专利的布局能力。

合享价值度评分：**9**/10分

7/10分	7/10分	10/10分
技术稳定性	**技术先进性**	**保护范围**
• 有效的发明专利，稳定性好	• 该专利及其同族专利在全球被引用1次，先进性一般	• 有9项权利要求
• 无诉讼行为发生	• 涉及1个IPC小组，应用领域一般	• 剩余有效期2912天
• 未发生过质押保全	• 研发人员投入4人	• 在1个国家申请专利布局
• 申请人未提出过复审请求	• 未发生许可	
• 未被申请无效宣告	• 未发生转让	

一种二次循环太阳能热水器

`有效`

申请人	海尔集团公司；青岛经济技术开发区海尔热水器有限公司
申请日	20060615
公开(公告)号	CN101089510A
公开(公告)日	20071219

4.2　国外主要申请人分析

　　我国企业虽然在太阳能光伏发电和太阳能热水器技术领域有颇多建树，但还有很大一段路要走。另外，由于我国企业国际专利布局经验和能力有限，专利申请主要着眼于国内市场，国际申请不多，仅有个别实力较强的公司在国外有少量的专利申请。相反，国外大公司大多具备成熟的专利制度和娴熟的专利布局能力，特别是在一些大市场或有潜力的市场，如中、美、日、德等国市场，都是这些企业专利布局的重点市场。

　　国外涉及太阳能光伏发电和太阳能热水器研发的公司很多都有很长的研发历史，工艺较为成熟，研发能力较强，特别是日、韩、美等国企业在包括我国在内的多个国家都有专利布局，一些大型太阳能光伏发电和太阳能热水器公司的某些专利甚至在很多国家同时申请了专利，因此这类专利技术相对来说更具有技术价值，对企业来说也更具有参考性。本章对世界范围内太阳能光伏发电和太阳能热水器技术专利进行分析，重点关注该领域技术实力较强的几个公司，进一步挖掘潜在的专利情报，提供给读者研发学习、参考。

4.2.1 国外专利申请人情况分析

表4－3展示的是按照所属申请人（专利权人）的专利数量统计的申请人排名情况。该分析可以发现创新成果积累较多的专利申请人，并据此进一步分析其专利竞争实力。

由表4－3可以看出，国外申请人中，创新成果积累较多的专利申请人日本公司排名第一、韩国公司第二、德国公司第三。另外，从专利的各国布局中可以看出，日、德、韩等国企业全球不同国家都进行了大量专利布局，相比之下中国企业和科研单位的海外专利布局少一点，而且也意味着占据世界该领域较大比例的中国专利一部分是来自国外的国际专利。基于此，国内公司要承认差距，虚心学习，下面介绍重点企业的专利情况。

表4－3　国外专利申请人分布　　　　　　单位：件

申请人	专利数量
CANON KK（日）	51
CANON KABUSHIKI KAISHA（日）	46
SANYO ELECTRIC CO（日）	33
SHARP KK（日）	31
MATSUSHITA ELECTRIC WORKSLTD（日）	29
SIEMENS AKTIENGESELLSCHAFT（德）	28
KYOCERA CORP（日）	27
ROBERT BOSCH GMBH（德）	27
MITSUBISHI HEAVY INDUSTRIES LTD（日）	26
NORITZ CORP（日）	26
ASTRIUM GMBH（欧）	25
SHARP KABUSHIKI KAISHA（日）	24
HILEBENCO LTD（韩）	23
HITACHI LTD（日）	23
MITSUBISHI ELECTRIC CORP（日）	23
ALCATEL（法）	22
KOREA INSTITUTE OF ENERGY RESEARCH（韩）	22
TOSHIBA CORP（日）	22

续表

申请人	专利数量
KAWASAKI JUKOGYO KABUSHIKI KAISHA（日）	21
UNIVERSITY INDUSTRY COOPERATION GROUP OF KYUNG HEE UNIVERSITY（韩）	20
亚昌水塔工业股份有限公司（韩）	20

4.2.2　佳能

佳能（Canon），是一家全球领先的生产影像与信息产品的日本综合集团。佳能的产品系列共分布于个人产品、办公设备和工业设备这三大领域，主要产品包含数码相机、照相机及镜头、复印机、打印机、传真机、扫描仪、医疗器材、广播设备和半导体生产设备等。佳能总部设于日本东京，并设有 4 大区域性销售总部分别在欧洲、美洲、亚洲及日本。该公司在全球有 200 个子公司，员工超过100000 人。2016 年 3 月 9 日，东芝公司今天召开董事会会议，最终决定向佳能出售其东芝医疗系统公司，出价为 7000 亿日元（约合人民币 405 亿元）。佳能在2012 年全球财富 500 强的营业额排名中列第 224 位。2011 年，佳能公司的净销售额 3.5574 万亿日元（约合 456.08 亿美元）。

1937 年，佳能公司成立，旨在制造世界一流相机。其后，佳能公司一直在开发新技术，并于 20 世纪 70 年代初研制出了日本第一台普通纸复印机。80 年代，佳能公司首次开发成功气泡喷墨打印技术，并在世界各地推出其产品。对技术研发的重视和投资使佳能公司数十年不断成长并成为该行业的领导者。美国专利商标局宣布，佳能公司在 2012 年度美国专利注册数量中排名第三。2003 年，御手洗社长被任命为广东省经济顾问。同年，在大连、苏州市被评为荣誉市民。

佳能公司已在中国大连、珠海、苏州等地拥有 12 家独资公司和 4 家合资公司，其中包括 2001 年在苏州新区成立的耗资 1 亿美元的佳能（苏州）有限公司。佳能在中国拥有员工约 35000 人。

佳能（中国）有限公司于 1997 年在北京注册成立，开始负责佳能公司在中国的投资及其他所有业务。

该公司专利申请趋势和专利世界专利布局如下：

如图 4-5 和图 4-6 所示，佳能从 20 世纪 90 年代开始申请太阳能光伏发电和太阳能热水器领域专利，在 1999 年申请量达到最高，而到了 2004 年之后未再有继续申请专利。另外，佳能很重视对其创新技术的保护，其在包括日、韩、美、中、欧等各重要经济体都申请了专利，形成比较完善的保护网络，这一点值得我国企业学习。太阳能光伏发电和太阳能热水器技术领域拥有相当多的专利，足见其太阳能应用技术创新的活跃程度。因此，企业应该高度重视佳能公司及其子公司的相关专利。一方面，密切观察其专利布局，避免引起专利纠纷；另一方面，要做好专利情报工作，充分利用专利信息提高自身创新水平。

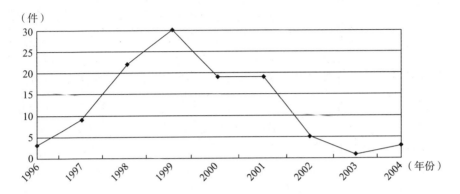

图4-5　佳能专利申请趋势

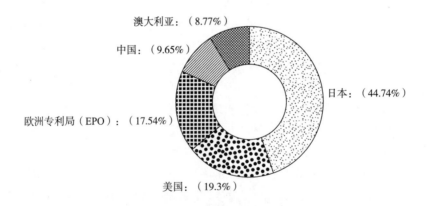

图4-6　佳能世界专利布局

专利制度是保护发明创造者利益，专利权也是国家授予申请人合法的垄断权力，但是专利具有地域性，因此企业要想保护自己的发明创造就需要在每个有经济利益的国家或地区组织申请专利，这样才能达到保护专利的目的。基于这一点，企业愿意花费资金和时间去多个国家布局自己的专利，那么说明该企业认为其布局的专利技术能够给自己带来经济和市场利益，也即是说，其投入的资金和时间成本小于潜在收益。因此，这里借助 incoPat 平台，我们从同族专利数量的角度来分析某项技术的价值。检索结果如下：

专利 US09453508，太阳能电池的屋顶结构中，一种光伏电源产生装置，施工的建筑物和一种方法的一个太阳能电池的屋顶，在其一个太阳能电池模块的上方设置建筑物的屋顶基，一电线用于该太阳能电池模块被设置在所述的太阳能电池模块之间的空间和所述屋顶基；和所述的电导线延伸到一个所述屋顶的空间在所述后基座通过设置通孔在所述屋顶基。所述屋顶基是提供一基座上的密封构件用于覆盖所述通孔和一个出口被设置在所述底座密封部件通过其所述的电导线延伸到所述太阳能电池模块之间的空间和所述屋顶基在所述基座的一个部分密封部件以外的部分正好在所述通过所述基座的孔密封件。所述底座密封件可以包括一个热 - 抗或火灾电阻材料在所述屋顶基用于覆盖所述通过孔。合享专利价值度分析如下：

合享价值度评分：**10**/10分

3/10分	10/10分	10/10分
技术稳定性	技术先进性	保护范围
• 无诉讼行为发生	• 该专利及其同族专利在全球被引用123次，先进性好 • 涉及6个IPC小组，应用领域广泛 • 研发人员投入9人 • 曾发生转让	• 有140项权利要求 • 在7个国家申请专利布局

Solar cell roof structure, construction method thereof, photovoltaic power generating apparatus, and building

`转让`

申请人	Canon Kabushiki Kaisha
申请日	19991203
公开(公告)号	US6576830B2
公开(公告)日	20030610

该专利在澳大利亚、中国、奥地利、德国、美国、欧洲、日本、韩国 8 个国家或地区申请了专利，因此该技术可认为具有阻止其竞争对手、扩大企业国际市场的价值，技术含量很高。

专利 US08919445，太阳能发电系统的一个功率控制装置，用于通过太阳能产生的功率转换面板和供给转换的功率到负载，输出电压和所述的太阳能面板的被检测的输出电流，普通条件下，MPPT 控制被执行，使得该太阳能电池将在一个最大输出点操作。如果所述的太阳能面板的所述输出功率超过一个预定的功率，一种功率转换单元被控制，从而作为以提高所述的太阳能面板的所述输出电压，从而限制所述的太阳能面板的所述输出功率。作为结果，从防止过大的功率被输出的所述功率控制装置。该专利在韩国、中国、德国、美国、欧洲、日本6个国家或地区申请了专利，因此该技术可认为具有阻止其竞争对手、扩大企业国际市场的价值，技术含量很高。

佳能作为实力强劲的太阳能光伏发电企业，其专利价值非常大，且在太阳能光伏发电领域有较多专利，每一件专利都值得企业去研究参考，这里不一一列举。

4.2.3 三洋

三洋（SANYO），是日本的一家有60年历史的大型企业集团，总部位于日本大阪，产品涉及显示器、手机、数码相机、机械、生物制药等众多领域。

三洋电机是日本Panasonic旗下的电器公司，全球拥有324间办公室及工厂与约100000名雇员。

三洋（SANYO）是一家拥有60年历史的日本大型企业集团，总部设于日本的大阪，其产品涵盖手机、显示器、机械、数码相机和生物制药等诸多领域。

三洋电机株式会社创始人井植薰意在以三根支柱为依托通过相连三洋来达到全世界人民共同发展，其中三洋分别为太平洋、大西洋和印度洋，而三根支柱又为人类、技术和服务。2002年度三洋电机株式会社的合并报表销售额达2兆247亿日元（152亿美元），拥有海外关联公司158家，在全球开展业务。1979年设立三洋电机贸易株式会社北京办事处，正式进入中国市场。

该公司专利申请趋势和专利世界专利布局如下：

由图4-7、图4-8可以看出，三洋公司很重视对其创新技术的保护，其在包括日、美、中、欧等各重要经济体都申请了专利，形成比较完善的保护网络，这一点值得我国企业学习。太阳能光伏发电和太阳能热水器技术领域拥有相当多的

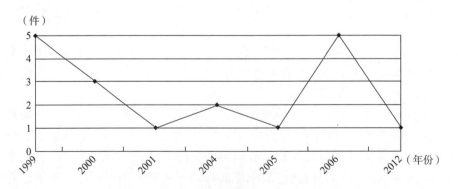

图4-7　三洋公司太阳能技术专利申请趋势

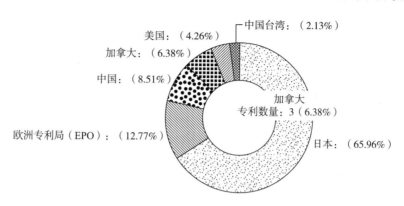

图4-8 三洋公司太阳能技术专利布局

专利,足见其太阳能应用技术技术创新的活跃程度。因此,企业应该高度重视三洋公司及其子公司的相关专利。一方面,密切观察其专利布局,避免引起专利纠纷;另一方面,要做好专利情报工作,充分利用专利信息提高自身创新水平。

为了进一步挖掘乾运高科的高价值专利,这里借助incoPat平台,我们从同族专利数量的角度来分析某项技术的价值。检索结果如下:

专利CN200610056839.2,一种太阳光发电装置,既维持通用性、避免成本的上升,又在升压电路开始运转时防止给逆变器电路的MPPT控制带来不良影响。控制装置将标准输入电压的最大值Vmax设为0,读入电压传感器检测出的当前的标准输入电压Vs,判断升压电路是否停止,当停止时读入标准输入电压最大值Vmax,与当前的标准输入电压Vs进行比较。并且,当该目前的标准输入电压Vs小于等于标准输入电压最大值Vmax时,判定该电压Vs是否低于从Vmax减去升压电路起动判定电压Vn后的值。在低于的情况下,计时器开始计时,当该低状态持续长于逆变器电路的起动判定时间Tn而超时的时候,控制装置使升压电路的运转开始。该专利同族专利公开号有ES2306310T3;JP4794189B2;AT394727T;DE602006001067D1;EP1708070A1;EP1708070B1;CN100517159C;CN1841254A;JP2006278858A;TW200643678A;TWI400594B等,该专利在欧洲、西班牙、奥地利、德国、中国台湾、中国大陆、日本、韩国等国家或地区申请了专利,因此该技术可认为具有阻止其竞争对手、扩大企业国际市场的价值,技术含量很高。

专利JP05121400,以抑制所述释放其所产生的所述联动的一种太阳能的电池变得尽可能多的无用作为可能的,以提高所述日常所述的太阳能或anual的可用性通过减少所述输出电压能量下,以一电平小于该最大电力当所述一个连接点的电压接近一规定上限电平。结构:所述电压指令值Vs,其规定所述逆变器20的输出功率电平是通过添加产生所述的参考电压 Vref 和一个功率控制信号 SD。该电压 Vref 被设置在附近的所述最佳工作电压电平对应于该操作点，其中所述最大输出功率是固定在用于一太阳能电池 10。同时该信号 SD 被设定在 0 时，所述的系统电压是小于所述抑制启动电压 V2。然后该信号 SD 是响应于所述系统中增加该信号 S 时的电压电平超过所述电压 V2。因此所述逆变器 20 执行该控制到所述直流输入电压 Vin 之间的安全该重合和所述电压 Vref 当所述的系统电压小于该电压 V2。所述电池 10 被降低的同时所述输出功率和所述的系统电压的上升被抑制当所述的系统电压超过所述电压 V2。该专利及其同族专利在全球被引用 17 次，先进性较好。

专利 JP2001264837，提供一个最佳的系统，其可以降低峰值功率需求，使用一个小存储电池。解决方案：一种太阳能发电系统，其被链接到一个电源系统，提供所产生的功率在一个太阳能电池装置以一种用于转换逆变器装置，以交变电流，并将它以一种功率消耗部分，包括一个存储电池以充电功率从所述太阳能电池装置，和一转换控制装置，以输出所述功率从所述太阳能电池装置到所述存储电池或对所述逆变器装置在改变过；和提供所述功率到所述逆变器装置添加到从所述太阳能电池产生能量的装置中，通过控制到电荷存储与一个或更多的电池功率选择从所产生的功率由所述的太阳能关断期间电池装置，太阳上升后的峰值功率需求的时间或在夜间功率从所述电源系统时间；和通过控制对应的能量存储在该存储电池放电到所述功率需求波动的曲线在一特定时间区的所述功率需求为高。

这里限于篇幅不再列出，该公司研发实力和专利布局实力都很优秀，因此建议企业将三洋公司作为重点监视和学习的对象，学习国外大公司技术以及专利的布局能力。

4.2.4　西门子

作为全球电子电气工程领域的领先企业的德国西门子股份公司创立于 1847 年。西门子自 1872 年进入中国以后，一直以创新的技术、杰出的解决方案和产品为中国持续不断地提供全面的支持，并以持续不断的创新追求、非凡的品质、领先的技术成就、令人信赖的可靠性，确立了在中国市场的领先地位。

2014 年 10 月 1 日至 2015 年 9 月 30 日，在中国西门子拥有 32000 多名员工，总营业收入达到 69.4 亿欧元。2014 年 9 月，西门子股份公司和博世集团达成协议：罗伯特·博世公司将收购西门子所持有的 50% 点的西门子家用电器集团（简称博西家电）和合资企业博世和的股份，交易实现后博西家电将变成博世集团的全资子公司，西门子将完全离开家电范畴。出售家电业务体现出西门子专注于电气化、数字化战略、自动化。

该公司太阳能技术专利申请趋势和专利世界专利布局如下：

图 4 - 9 展示的是分析对象在全球不同国家或地区中专利申请量的发展趋势。通过该分析可以了解专利技术在不同国家或地区的起源和发展情况，对比各个时期内不同国家和地区的技术活跃度，以便分析专利在全球布局情况，预测未来的发展趋势，为制定全球的市场竞争或风险防御战略提供参考。

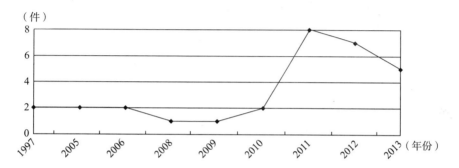

图 4 - 9　西门子太阳能技术专利申请趋势

图 4 - 10 展示的是分析对象在各个国家或地区的专利数量分布情况。通过该分析可以了解分析对象在不同国家技术创新的活跃情况，从而发现主要的技术创新来源国和重要的目标市场。

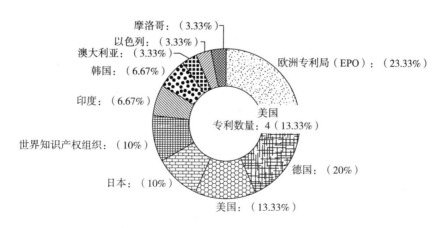

图 4 - 10　西门子太阳能技术专利世界专利布局

为了进一步挖掘乾运高科的高价值专利，这里借助 incoPat 平台，我们从同族专利数量的角度来分析某项技术的价值。检索结果如下：

专利 KR1020067025599，一种太阳能逆变器（M1～M3），其可以被连接到至少一个光伏发电装置（SM1－sm3）在所述输入端和到一电源系统（SN），特别是一种公共电源系统，在所述输出端。所述的太阳能逆变器（M1～M3）包括至少一个逆变器模块（wr），一种电子控制单元（μC）至少用于诊断一种逆变器模块，用于在技术上和一总线接口（ba）连接所述的电子控制单元到一个通信总线（BUS）。所述的电子控制单元是提供与状态信息的装置，用于周期性地输出件（S1～S3）。所述的太阳能逆变器的所述通信总线上，其他的太阳能装置，用于周期性地读取状态信息（SA）反相器，其被连接到所述通信总线和装置，用于输出一个错误消息（F）中所述通信总线上的情况下至少一个期望状态信息（SA）未能被输出的附加件。本发明有利地无须与所述需要用于一个单独的监视单元。该专利同族专利公开号有 US20070252716A1；CN1954484A；CN100576712C；DE102004025924A1；JP2008500797A；KR1020070017549A；EP1749340A1；KR100884853B1；WO2005117245A1 等，该专利在欧洲、韩国、美国、中国、世界知识产权组织等国家和组织申请了专利，因此该技术可认为具有阻止其竞争对手、扩大企业国际市场的价值，技术含量很高。

专利 DE102011084167，一种 photovoltaikanlage（100）被描述，其具有：第一面板（101）与至少一种第一 photovoltaikzelle（127）和与第一直流输出端子（109），在其中一个，它将花费的至少一种第一产生的电 photovoltaikzelle；第二面板（103）与至少一种第二 photovoltaikzelle（129）和与第二直流输出端子（115）；在其中一个，它将花费的至少一种第二产生的电 photovoltaikzelle；一个转换器系统（105）与一个直流输入端子（111，113，117）到一个直流张力转换，其搁置对所述直流输入端子，为一交流张力；连接一 schaltsystem（141，143，145，147），其被训练，所述直流输入端子（111，113，117）的所述转换器系统可选地具有第一的直流输出端子（109）或第二的直流输出端子（115）电。一种 photovoltaikanlage 是一个用于所述的操作过程继续到描述。

西门子公司拥有的太阳能相关专利较多，这里限于篇幅不再列出，该公司研发实力和专利布局实力都很优秀，因此企业可以将西门子公司作为监视和学习的对象，学习国外大公司技术以及专利的布局能力。

第 5 章　全球太阳能技术专利布局与战略

近几年，我国早已变成最大的光伏产业制造国家，太阳能产业有很大的突破。但是，行业面临的技术创新问题随着快速扩大的制造能力也越来越多了。首先，全世界光伏产业正处于一个关键的技术升级时期，虽然我国在晶硅光伏技术方面占有上风，但是产业更进一步转型却卡在下一代技术基础性和全局性钻研不够的问题上；其次，美国、日本等国家为了促进太阳能技术的整体识别和更换，早就对绿色能源经济系统进行布局，这也是为了加速绿色产业体系的转型。太阳能技术在我国还没有明了的战略布局和创新路线的设计和安排，因此我国很难促进基于绿色制造和自主创新的产业发展。所以，我国应该探索大型光伏国家R&D 战略布局的各种模式和机制，以加强我国太阳能技术 R&D 战略布局，形成自主创新优势。

5.1　太阳能技术 R&D 战略的影响因素

能源安全、经济增长和环境友好是各国太阳能技术 R&D 战略主要实现的三个目标。处于不同发展阶段，战略布局受到多因素影响，主要有：技术效应、创新体系、资源禀赋及环保策略等。

（1）技术效应。技术效应体现出 R&D 支出在降低技术效率和降低成本方面的重要作用。基于投入产出模型的统计分析表明，R&D 支出与太阳能技术进步指标——效率和专利数量显著相关，这一点在文献中有提到。基于先验经验曲线、学习曲线和 Logistic 模型的实证研究证明，R&D 支出在提高学习能力和生产效率方面有明显的作用，这是降低太阳能技术成本不能被漏掉的变量。技术鉴定形成了四代 27 种技术方向，综合反映了技术效率和成本水平。R&D 项目分布和研发也反映了太阳能技术研发战略对技术效果的重要性。

（2）创新体系。政府在促进太阳能技术发展方面有大量政策支持。然而，当技术前景模糊、资源条件有限、政策支持撤退时，完善的创新体系也反映出企业作为主体在促进产业技术自下而上发展方面所起的积极作用。后"1 000 屋计划"时期，韩国的迅速崛起，德国光伏产业技术持续创新，这充分体现了太阳能技术 R&D 战略是植根于有效完整的创新体系。

（3）资源禀赋与环保策略。资源禀赋、环境保护理念和联合作用形成的能源经济体系差异影响了战略布局与实施。美国拥有丰富的能源资源，研发战略更倾向于研究和开发具有创新性的太阳能技术；日本的资源有限，更有可能提高现实的能源效率；欧洲的环保理念比美国和日本更强，而且各方面的技术发展趋势都趋向于尽可能减少对环境的不利影响；德国不支持发展"绿地光伏"，以避免历史建筑外观受损。

（4）其他因素。各国现有的历史事件、应用环境、技术条件也将对太阳能技术研发战略发生影响。日本不支持碲化镉薄膜技术研发，由于历史上有镉造成严重污染的现象。同一市场的不同时间或同一市场的不同时间存在技术差异。各种太阳能技术市场，如大型发电厂、分布式发电和空间项目，将在不同的安装条件下形成，如信息、应用、信号传输等。

5.2　太阳能技术 R&D 战略布局国别比较

在各国的能源报告、R&D 专项政策法规和 R&D 专项政策中通常能反映出各国太阳能技术的战略性 R&D 布局。太阳能技术研发最具创新型、预算最多的国家是德国、韩国、美国、日本。接下来，从 R&D 战略目标的演变、创新体系的结构和战略布局的实施三个方面对这四个国家进行了深入的分析。

5.2.1　美国：技术政策导向为主

首先，美国能源部的 R&D 战略布局是以光伏发展目标和能源政策来确定的，其战略重点是高风险、高回报的前沿技术研发。战略有明显的变化，表现在三个时期中：奥巴马政府时期，通过《太阳能计划》（2011）、《美国清洁能源领导法》（2010）、《美国复苏与再投资法案》（2009），全面促进施行太阳能电力技术创新和平价成本优势的战略。布什政府时期，通过《美国太阳能先导计划》（2008）、《先进能源计划》（2006）、《国家能源政策》（2001），确定光伏光热太阳能等前沿技术的研究和开发系统的布局。卡特政府时期，通过《能源安全法令》(1980)、《公共事业管制政策法案》(1978)、太阳能发展评估，以确定大规模利用太阳能的策略研究和发展前景。

其次，美国多中心辐射结构都能体现太阳能技术创新体系。第一个中心是由公司经营和能源部出资的实验室。该实验室为了覆盖太阳能技术的基本应用和发展而在大学建立卓越中心和地区实验室站，并通过行业协会和州级官员协同技术联合研究。负责安装、测试、标准化和其他技术项目的是新墨西哥和佛罗里达州立大学的实验室站；负责应用设备和能源转化研究与开发等工作的是佐治亚理工大学和特拉华州大学的卓越中心；有桑迪亚国家实验室、可再生能源国家实验室两个主要实验室，有劳伦斯伯克利、布鲁克黑文等 14 所交叉领域实验室。第二、三中心是大学和企业，已有 70 所大学与近 400 家企业承接公共项目，以基金会、产业实验室等形式开展基础和应用研究及联合研发。

最后，通过技术领先、市场定位及平台建设，促进 R&D 战略布局。对于行业不想涉足的高风险技术领域，能源部是比较偏向的，它首先制定了高成本聚光技术、高性能晶硅技术、高风险薄膜技术的领先研发战略，在技术体系上最先促进集成系统、聚光和光伏两大领域的完善。目前经过研发方向、项目计划、机构设置的重大转变，形成全面降低成本和技术创新领先并行的创新布局，美国太阳能技术发展的主要推力是着眼于技术识别的市场定位。初期 FSA 计划实现从利基市场向规模市场技术要求的转变，"太阳能技术规划"(SETP) 让结合能源市场、经济效应和消费者需求的技术识别标准走向成熟；现阶段的"太阳能计划"(Sunshot) 对于光伏电力全面市场化，是为它准备好了从概念到使用的产业创新，美国政府正在不断改进技术实施平台的建设。1975～2007 年，"性能表征与测量计划"推进先进的测试、评估与分析平台的建设，Sunshot 已启动分布式能源实验室、五大测试中心实验室，对并网系统测试和细分技术进行技术支援。

5.2.2　德国：注重环保与区域发展

首先，"科研自治、联邦分权管理"是德国太阳能技术 R&D 战略布局的技术发展原则，德国在原则下保持区域发展和环境保护共同进步的技术创新战略安排。发展性原则明确了在推动非高校和高校两个主体创新过程中国家与地方政府的界限，强调了政府对技术指导结合科研自治创新的研究。通过"联邦能源研究规划"(EFP，1977 年至今) 和科技规划，德国太阳能技术促进基础与应用研发。环境部和教研部因关注环保和区域一体化，而替换管光伏技术的基础和应用研发的科技部分。研究机构、企业和政府每两年一次"Glottertal talk"的战略谈话决定了公共项目技术方向。

其次，德国太阳能技术创新体系展示出多元化互联结构。早期，科学技术规划基金帮助大学机构和赫尔姆霍兹协会（Helmholtz）在基础研究方面获得第一优势，并在欧洲建立了第一个非大学光伏应用研究中心 Frauhofer。产业低谷期，州财政的 FVS 研发联盟和其资助设立的 ZSW、ISFH、ISET 研究所与产业界携手，逐层促进太阳能技术创新。区域联盟 EUROSOLAR、产业协会 DFS 和自发组织 SFV 等在产业技术创新合作中始终发挥着积极作用，即使公共资金不够的时候。

最后，一体化创新、协同创新、战略技术协同工作，促进 R&D 布局的施行。德国能源政策框架、"EFP 规划""2010 能源概念"都强调了太阳能技术在"技术中性"发展基础上的战略技术识别与重点扶持。教研部支持转换效率、光伏轻质材料基础研究，核心包含物理分析、第三代光伏电池效率提升、光子捕捉等；环境部支持实验室技术的研究开发，其以产业化为核心的，主要是对薄膜材料和晶硅的改良技术和节约技术的研发。基于多元化创新，环境部为了扶持太阳能产业集群的建设，而发起领先集群竞争行动（LECC），该行动也使政府、研发机构和企业达成战略合作伙伴关系；环境部和科研部一起支持形式多样的协同创新，例如，产业界和政府以 1∶5 的资金配套建设光伏创新联盟，推动了装备企业和上下游企业的协同创新。地区可再生能源发展战略、能源战略、国家高科技战略共同推进太阳能技术创新体现了一体化创新，尤其是地区战略基于欧洲光伏行业倡议（SEII）和欧盟战略能源技术计划（SET）而建立，统一了规划区域光伏技术路线和技术创新。

5.2.3 日本：自上而下进行引导

首先，日本经产省产业结构审议会研究发展分会制定太阳能技术 R&D 战略。1974 年太阳能技术研发由阳光（Sunshine）项目启动，早期的基础较弱，但跟紧着美德两国的脚步，重要战略措施是引导大的跨行企业参加；第三四期"基本计划"（2006~2015 年）明确创新战略的政策指导，同时福岛核能安全争议促使日本转向新的可再生能源技术创新战略，该战略体现了能源与环境和经济的友好发展，该时期对于日本太阳能技术来说具有转折的意义。

其次，日本太阳能技术创新体系呈现出集中领导型结构。公共项目管理部门是由两个独立行政法人的机构构成的，其中一个机构是负责综合管理事务和经产省太阳能技术项目规划的科学技术振兴机构（JST），另一个机构负责文部科学省太阳能基础研究项目的新能源产业技术综合开发机构（NEDO）。直属经产省的独立行政法人的产业技术综合研究所（AIST）是主要国家实验室，其拥有光伏技术的研究、开发、测试；薄膜和有机光伏技术的主要研究基地是东京大学（UT）和东京工业大学（TIT）；太阳能技术企业研发由三菱、三洋、京瓷、住友、夏普等行业巨头主导。1990 年，23 个跨行业大企业组成研发联合体 PVTEC 支持公共项目，2013 年已达 70 家。

最后，合作创新、技术突破、示范推广对 R&D 战略布局有显著作用。2008 年起，经产省研发项目转变为中短期高性能发电系统和长期创新太阳能电池项目，以 2020 年低电力成本 14 日元/度和 2050 年超高效能 40% 转化效率为目标。文部科学省启动下一代光能转换系统和材料以及发电系统新颖技术两大基础研究，并联合经产省推动前沿技术突破性创新。拥有最丰富多样和用途最为多样化的太阳能技术示范项目的日本，从 2009 年起明确示范应用和研究类别，2011 年后示范研究项目为了实现新电网结构和智能环境做准备而由储能系统建设和太阳能电力输配电网平稳性测试转向下一代电网技术建设；多领域多平台合作创新体现在 UT、TIT 和 AIST 联合产业界共同推动超高效率技术和有机技术、薄膜全光谱和超薄硅基技术的基础与应用研发。

5.2.4　韩国：集中突破与追赶发展并行

首先，技术发展较晚的韩国坚持"科技兴国"的战略构想。太阳能技术项目由产业部门或研究部门负责研究和开发，当然，其他部门也要参与并支持。自 1987 年第一次可再生能源国家计划以来，R&D 战略发生了 3 次重大变化。早期，因为有限的技术和资金，构建有效的科研管理体系、确定优先发展领域、完善生产体系是战略重点；在 2008 年后，能源技术评估和计划机构（KETEP）是由知经部资助成立的，它提出太阳能技术新战略，确定了突破性技术、核心技术和战略技术研发布局，在技术发展中突出了政府的战略引领地位以及研发机构的创新主导地位。2009 年和 2011 年，绿色能源线路确定了绿色能源（非能源平衡）经济增加的范式，光伏能源从替代能源技术转变向主要技术开发利用，并确定整体战略项目和核心技术发展目的和方法，赶超技术领先的国家。

其次，韩国太阳能技术创新体系是环状结构。6 个政府附属研究所（相当于国家实验室）KIER、KERI、KIST 和 KRISS 等专注于能源技术、电子技术、能源环境技术和标准测量领域的基础和应用研究。16 所大学专注于光学、新材料和工程等领域的基础研究，一些大公司和少量的光伏企业从事生产研发和行业尖端技术研发，例如：Samsung、LG 和 DCC 等。近年来，尽管公共研发资金明显趋向中小型企业，但作用在研发领域不多，所以，韩国太阳能技术领域集成创新体系的环形主体是大企业、研究所、高校。

最后，重点关注中小企业发展、市场需求导向和创新，推动 R&D 战略布局。绿色能源路线确定了目标，该目标为：集中开发建筑一体化和硅基薄膜技术在 2015 年前；集中开发聚光技术在 2015～2030 年。绿色能源还确定了太阳能技术

7大战略项目21类核心技术。在绿色能源路线中，确定了太阳能技术研发和市场开发的方向。现有的领先技术不仅侧重于应用研究的商业化，而且新一代技术也面向市场需求，以加快原创性创新。

5.3 太阳能技术 R&D 战略创新成效的国际比较

德国、日本、美国和韩国的太阳能技术 R&D 战略布局反映了技术开发低成本和高效率的共性，但发展机制运行和战略目标定位各有特色。接着从技术领先度、主体活跃度和产业化程度三个方面的创新成果指标，考察重点国家的太阳能技术 R&D 战略布局的有效性，并分析我国的现今发展情况和有待改进之处。

5.3.1 技术领先度比较

在美国，按照其国家可再生能源实验室公布的最佳转化效率记录资料，可以看到5类27条太阳能技术路线充分反映了不同国家的创新实力和各种技术的成长的潜在的能力。新颖概念和多结技术是最活跃的技术创新，所有分支机构的最新的年度纪录均被保持着，记录了近10年来最高的突破的频率和幅度。薄膜光伏有2条只有某单年数据，另4条分支保持着最新纪录。晶硅光伏仅2条分支还保持着最新的纪录，市场份额最高的多晶技术在2005年后没有了新纪录，单晶技术在2000年后也没有了新纪录。砷化镓单节技术有3个分支年度纪录保持相对较新。就创新水平来说，美国有着最明显的5类技术前沿创新，表明它的技术创新效果远远地走在最前面。就创新总量来说，德国和日本创新能力差不多，然而在新概念和砷化镓方面美国显著领先。其他国家相对缺少原创技术。

截至2012年，根据第一批专利申请国别的统计结果和技术分类的统计结果来看，各国在光伏产业的技术创新能力方面存在明显差别：日本在整个产业链总量方面有压倒性的优势；韩国在上中游的优势开始浮出水面；美国在上游材料制造方面占据着着显著的上风，但中下游产业处于中等水平；德国产业链发展均衡，但总量方面位于劣势。结果显示，不同国家对太阳能技术 R&D 战略的着重方面存在差异：日本引领行业巨头进行合作和创新，大学和研究的协同作用取得了显著成效；韩国的集中战略极大提高了某些环节的创新能力，美国对尖端技术创新的支持在商业化阶段取得了显著成效，德国产业各环节在科研自主权理念和一体化战略作用下平衡成长。在光伏产业中，我国整体创新实力得到较大增强，但关键技术创新还有待改进，仅在产业中下游有优势。

5.3.2　研发主体活跃度比较

最优转化效率记录分析表明，在创新主体中，研究所、产业界的创新贡献更为积极和多样化。研究所创造的最优记录量的增幅达到 50%，企业增幅达到 21%，而高校降幅达到 60%。这与太阳能技术发展阶段以及创新主体偏向基础研究和应用研究相关。大学早于研究所和企业创建许久，更加能证明太阳能技术创新发展的主体阶段性差别。同时需关注的是，技术产业化形式或大学分拆或的企业创建趋向增加，表明企业主体更加在商业化阶段会被技术研发所依赖，同时也表明在新兴技术前沿研究方面，大学具有重要引导作用。国别与主体创新关联分析显示：大型企业是最主要的创新综合能力的主体，企业高度集中在创新区域。研究数据表明，美国企业在创新方面最活跃，地区集中度 Herfindahl 指数是大学的 1 倍，达到了 0.47，由此可见，美国以市场为导向的技术战略在促进企业前沿创新方面取得了明显成效。专利数据表明，韩国企业排名第 10 且在过去三年中排名一直在上升，而日本企业在申请者排名中占据前 9 位，这表明韩国市场的创新战略、日本大企业的跨行业合作模式取得了明显的效果。在中国市场前十名专利申请人中企业关注中、下游的创新，主要关注创新改进，产学研合作创新仍有待改进，还有核心技术创新也需要改进。

5.3.3　技术产业化程度比较

中国和韩国晶体硅光伏技术产业化水平高，但是其他的技术差距大。韩国光伏组件和系统成本优势显著增加，2012 年接近四个国家的最低水平，显示出市场需求战略的有效性；德国零部件价格在度过上游原材料供应瓶颈期后减少，系统成本在四个国家中位于最低水平，一体化创新战略取得明显的成功；日本前期有成本优势，然而零部件成本下降缓慢；美国零部件价格最低，明显降低了发电成本，显示了市场化战略、成本战略目标的作用。在第二代光伏和光热技术产业化水平方面美、德、日明显超过其他国家。

5.4　政策建议

可以借鉴综上所述德、日、美等国在 R&D 战略布局、总体发展机制、技术创新体系等方面的战略发展模式来改善我国太阳能 R&D 活动中的创新体系、技术储备、基础研究、政策机制等方面存在的一些问题，具体措施有：

（1）建构 R&D 战略布局。以技术战略发展要求、市场发展需要和合作创新平台建设为基础，设定基础技术、产业技术和市场技术发展目标，推动以产业转型升级与技术提升、先进制造与示范研发、核心关键性技术识别与创新为主要内容的太阳能技术 R&D 战略布局。

（2）完善创新机制政策设计。明确在太阳能技术研发中创新主体和管理部门的作用和边界，积极推动面向市场的技术创新，在前沿和战略技术领域中积极发挥政府的主导作用。改进太阳能技术 R&D 战略调整机制和项目规划，有效配合政策扶持、项目规划和机构设置。

（3）加快产业创新体系与平台建设。加快太阳能多元化、梯队式、全产业链的创新体系建设，促进产学研协同、行业整合创新、产业链联动合作模式和平台建设。重点加强技术设施建设，为技术链评估测试的核心平台提供先进技术、资金预算和专家支持。

第6章 太阳能应用技术研发趋势建议

6.1 我国太阳能应用技术研发现状总结

与国外技术相比，我国太阳能光伏发电和太阳能热水器技术总体水平低，太阳能热水器和太阳能光伏发电技术研发滞后。此外，在太阳能热水器行业的发展中，除市场混乱不利于管理外，专利仍然短缺。我国生产的大部分产品来自国外先进的生产工艺，然后被制造和生产。在太阳能热水器的发展中，中国很少有专利申请。大多数品牌的太阳能热水器都是从发达国家进口的，用于大规模生产。此外，专利短缺也严重限制了我国太阳能热水器产业的发展，我国的太阳能热水器市场很有可能会因为没有足够的太阳能热水器种类而被外国企业占领。

太阳能光伏发电技术是目前在我国发展迅速，但是，尽管这项技术在我国得到了广泛的应用，前景广阔，但其发展仍然存在一些缺陷，尤其是与国外技术相比仍有一定的差距，不仅仅是在技术开发和使用方面，还存在一些差距在太阳能发电材料方面，整个产业链的发展尚不成熟。为尽快提高太阳能光伏发电技术的利用率，中国应该吸取经验教训，改变过于依赖化石能源的能源结构，积极发展可再生能源，真正实现人与自然的和谐发展。寻找合理的对策在时间和地点，这样太阳能作为一种取之不尽的清洁环保的能源，将在21世纪取得了前所未有的发展。将太阳能光伏技术应用于建设新时代人们更美好的生活，能缓解人类发展过程中的能源短缺，确保经济持续健康发展，促进中国新能源技术的持续发展，大大改善生态环境，解决全球温室效应。

6.2 我国太阳能应用技术研发趋势建议

6.2.1 太阳能热水器

太阳能属于我国新能源利用中的主力军。中国的地理位置决定了我国极其丰富的太阳能资源，太阳能技术在我国相对成熟，太阳能热水器应用于大多数区，为我国居民提供充足的热水。太阳能热水器的利用不仅减少了一些不可再生资源的浪费，而且降低了我国环境污染的水平。太阳能热水器是中国最常见的太阳能利用产业之一，发展非常迅速。到目前为止，它的产量和用户数量已经跃居世界第一。从目前的发展情况来看，我国太阳能热水器行业发展平稳，但仍存在许多问题，如技术落后、专利申请较少、收费困难、市场不完善等，亟须改进和解决。

今后太阳能热水器的主要研究趋势应集中在以下几点：

（1）占地面积大以及安装维修难度大是我国的太阳能热水器利用中存在的问题。而这样的弊端需要我国连续优化太阳能热水器技术，并在使用过程中，发现并及时解决问题。既需要政府和企业共同努力提高太阳能热水器的技术，也需要国家和政府重视技术的优化以及增强人才实力。

（2）开发和推广太阳能低温热水一体化的技术，包括高效的热量收集和存储技术、辅助能源技术、机电一体化和操作技术、控制技术、太阳能建筑一体化技术等。

（3）开发高效平板太阳能集热器技术、应用及工业化生产。太阳能选择性吸收涂层性能达到 $\alpha \geq 0.92$、$\varepsilon \leq 0.08$，玻璃透过率 $\tau \geq 0.90$，集热器热损 $\leq 4W/(m^3 \cdot K)$；要具有配套的平板太阳能集热器先进生产装备。

（4）开发推广新型承压分体式二次回路太阳能热水系统。

（5）开发太阳能中高温集热技术及应用。

（6）开发主、被动式太阳房技术，空气集热器及太阳灶等产品。

（7）从我国太阳能热水器领域专利申请的数量上看，可以认为目前国外企业还没有把我国太阳能热水器领域作为专利布局的重点区域，而集中在太阳能光伏领域，由此导致真空管式太阳能热水器在中国市场上仍可以占据主流位置的局面。

（8）太阳能热水器产业具有高投入、回报周期长等特点，在其发展过程中，研发新技术提高光热转换效率和改进分体承压结构的问题，仍然是各国太阳能热利用技术的瓶颈，可以说在未来的竞争中，谁掌握了新产品和新技术的知识产权，谁就能占领市场先机。

6.2.2 太阳能光伏发电

近年来，世界各国的社会和经济发展在很大程度上得到能源的支持。因此，世界范围内常规能源的使用出现了巨大的危机，对生态环境造成了严重的破坏。在此背景下，世界正在关注可再生能源的开发和研究，其目的是创造对生态环境无害的能源，满足社会经济可持续发展的需要。作为一种自然资源，太阳能光伏发电具有所有上面提到的条件。研究表明，根据每天相当于 2.5 亿桶石油的辐射能量和无穷无尽的太阳能的数据，地球表面的太阳能辐射能量非常巨大。因此，世界能源利用工业正在充分研究太阳能。太阳能技术在世界范围内发展迅猛，也取得了巨大的成就，逐渐成为世界新兴产业。

今后太阳能光伏发电的主要研究趋势应集中在以下几点：

6.2.2.1 材料成本方面

最初，具有光伏转换效率的材料在光伏技术中发挥了重要作用。在制造光伏板的过程中，主要有单晶硅板、薄膜板、多晶硅板等。理论上来说，在阳关集中照射的前提下，光电转换效率为 63.2%，要实现这一目标，我们必须采用理想的材料，因此我们无法在实践中真正实现这一目标。在这个问题上，德国通过研究将电池的转换率提升到 23% 以上，第一步，将稀土金属元素铒（Er）放入单晶硅中，从而观察在转换效率中的作用；第二步，将光刻照相技术应用于电池表面织构化，设置为金字塔形状。此外，目前制造太阳能电池的过程中，大多数的材料是硅材料，但硅材料也有自己的缺点，需要的投资太大，生产时间长，而且还存在一个大的市场风险。因此，目前，是否有可能探索更合适的太阳能电池制造材料，降低成本的使用是当前的思路和研究方向。

6.2.2.2 太阳能电站类型

首先，中国的太阳能电站系统都是基于地面的光伏发电系统。虽然它们具有规模大、施工方便的优点，但是它们也占用了大量的农林用地。对于中国这样的人均耕地和人均林地没有剩余的国家来说，地面太阳能电站的大规模发展很难持续。因此，农业和光互补发电系统，森林与光互补、渔业和光互补的方法已被开发，充分利用太阳能发电，而不影响农业、林业和渔业生产。进一步提出了分布式太阳能发电的发展，尤其是光伏屋顶为主，充分利用闲置的屋顶面积，并为地区企业提供电力。太阳能发电站在全国范围内推广，作为摆脱贫困的手段，包括乡村太阳能电站、家用太阳能电站和地面太阳能电站。

其次，我国建设在西部及北部地区的大规模光伏电站没有被充分利用，没有合理地接纳地面光伏发电。例如，在一些沙漠和荒漠地区，这些地区都有充足的光照，并且每年的总辐射为 1600～2300 千瓦时，都可以很好地进行地面光伏发电。因此，电源电网协调发展是未来发展中亟须解决的问题。

6.2.2.3　太阳能电池技术

光伏电池是太阳能光伏技术中最重要的组成部分，与太阳能能否成功发电直接相关。随着太阳能光伏发电技术的不断改进，其适用范围在我国逐渐扩大。但随着广泛的使用，也逐渐暴露出不足之处，如对光能的利用效率和速度低；利用光能成本高，经济效益低。在大规模使用太阳能光伏发电的过程中，在第一代的电能电池中，硅片通常被用作太阳能光伏发电的基础，虽然这项技术已经发展了很长时间，技术很成熟，但是成本也很高。因此，许多企业为了改进第一代电池，都在不断开发新一代电能电池，如从多晶硅、单晶硅到薄膜技术和从聚光技术到自动跟踪技术，以及从 PERC 技术到叠瓦技术，对光能的利用效率越来越高，成本越来越低。现今，太阳能光伏发电技术在中国主要使用新一代的单晶硅电池，在提高对光能的利用效率和降低发电成本方面取得明显的效果。在提高转化率方面取得了举世瞩目的成就，减少相应的生产成本，降低发电成本。当前我国对于太阳能电池的研究大多都集中在叠瓦技术、PERC 技术的开发和研究中，科学家不断通过先进的技术来提高对光能的利用效率，就是光能转化为电能的效率及速度，以及减少生产成本以增加太阳能光伏发电的经济效益。

6.2.2.4　光伏阵列的最大效率跟踪技术

太阳能光伏发电技术最主要最明显的特点是其整体输出特点是非线性的整体性。但是由于太阳光照时间、照射角度、温度的变化都会影响光伏设备的发电效率，环境因素能极大地影响到太阳能光伏发电技术设备。如果是阴天、下雨天，会极大地缩小光照时间，也会极大地缩小其太阳能光伏发电效率，光能转化电能的效率在夏天和冬天也是不同的。

一方面，应对光伏电池采取必要的技术控制在太阳能光伏发电技术，以确保将太阳能转化为电能的效率和速度。另一方面，在研究其转化效率最高的地区，应该不断地进行研究，以提高太阳能发电技术的效率。应该在研究太阳能光伏发电的整个场地中对光能发电的最大功率进行跟踪实现，这一进程实际上就是一个动态探求过程。为了对最大效率进行跟踪，应该对电池的排列方式，输出电荷和电流进行必要的检测，从中找出发电效率最大的电池，对其进行技术跟踪，进一步进行检测和分析，将这块电池与同场的其他电池进行对比分析，对其光照时间，光照角度进行实地对比考察，以便得出其效率最大的原因。这样不但能提高经济效益，弥补当前能源不足的漏洞，而且能推动太阳能发电技术的发展，为我国太阳能光伏发电技术发展做出自己的贡献。

6.2.2.5　聚光光伏技术

要想实现太阳能转化成电能首先必须保证聚光技术能够不通过任何介质直接达到地面，只有这样才能减低太阳能的密度，其发电最高峰值也不会超过 1 千瓦时，因此如何在太阳能光伏发电过程中提高聚光光伏发电技术的应用技术，这是提高太阳能光伏发电效率的重要技术之一。

聚光光伏技术简而言之就是将光伏进行聚集，让太阳能集中到光伏电池上，提高这一区域的输电率，这种技术能够将巨大的太阳能集中到面积很小的高效电池上，提高太阳能转化成电能的效率，提高太阳能照射和辐射的密度，提高太阳能转化成电能的效率。

第7章 太阳能应用技术专利战略运用建议

7.1 加强专利战略管理工作，提升专利战略实施能力

7.1.1 树立专利战略意识，充分发展专利战略优势

专利战略意识的建立对专利战略的制定、使用和实施具有指导作用。实施专利战略的出发点包含3个基本的认识：有发明创造才有专利，有专利才会有专利战略；专利本身的价值以及市场地位与企业的开发目标有关；只有根据国家和企业的实际情况，采用与自身相适应的发展战略，才会发挥资源向产品服务之间的转化作用，实现经济效益。

研究表明，完善的企业知识产权机构必将促进专利战略的制定，使专利工作更加有序。因此，我们应该改进和完善企业知识产权机构，加强专利知识的培训，努力提高管理层和员工的专利意识，及时申请专利以获得工作成果，学习并采取各种专利保护措施来维护权利。完善的企业知识产权机构安排是制定和实施专利战略的有力保证。企业应该根据自己的实际情况安排一些相关的学习内容，定期和不定期地对员工进行培训。

7.1.2 加强专利战略管理工作，进行必要的资源配置

企业的专利战略，无论制定得多好，最终都必须实施。专利战略的实施要求企业开展相关的管理工作，并分配相应的专利战略资源。再好的专利战略若没有有效的资源配置也只是海市蜃楼。专利战略的实现涉及信息研究、企业战略管

理、法律、市场营销、技术研发和其他方面,它是一个综合性的工程。加强专利战略管理工作,进行必要的资源配置。

7.1.2.1 建立企业专利战略实施规章制度和管理机制

规章制度和管理机制是专利战略管理和资源配置的保证。按照自身情况,企业可建立合适的专利战略实施制度。例如,在企业早期,拟定、施行基本专利管理制度,逐步使专业的业务运作规范化、标准化和制度化;当企业发展到一定阶段,改进专利管理制度和企业专利业务程序,以及与专利管理相关的机制;当企业专利工作有了显著的增长,进一步改进进入高级阶段的专利战略管理,以便它可以完全完成连接和同步的研发、技术创新和专利管理。

7.1.2.2 建立企业专利战略的实施机构

专利战略的实施和管理可在其实施结构的建立上具体体现出来。企业按照自己的状况创建适合的专利战略实施机构,担任专职管理企业专利事宜,进行企业的专利布局、管理、获得,以及运营、专利情报信息的挖掘和竞争对手的监视等。将专利信息利用工作贯通到企业研发、采购、生产、销售等每一个经营环节中。

7.1.2.3 组建专利专业人才团队

专利专业人才队伍是实施专利战略的执行人,专利人才战略属于专利研发战略的基础,专利专业人才队伍能够迅速实现国内外高端创新团队的学习轨迹,推进自主创新,提高原始创新能力。专业的专利团队可以掌握专利的主线,充分利用自己的专利,通过自主研发,以及使用由项目合作而导致的专利技术溢出效应,并努力掌握其核心技术,给出一个有效的国内外光伏市场的专利布局战略;专业专利团队可以通过与竞争对手或合作团队的专利交叉许可来提供有效的专利防御策略;并且可以找到同行或合作研究团队的高级战略级专利,部署有效的专利攻击策略。

企业专利人才开发是专利战略的核心。从企业的实际出发,具有了解企业管理、技术能力、了解专利制度、了解市场的复合型人才,有效整合市场经济,创新科学技术与专利法律制度,这是企业专利人才的培养目的。企业根据发展情况和专利战略情况,引进和培养与自身相适应的专利战略实施管理人才。在专利工作发展之初,由于专利文化尚未形成,缺乏专利管理人才和经验,其专利数量极少。企业可以通过宣传、教育和培训等方式培养专利意识和专利文化,提高企业领导和员工的专利意识。专利管理人员的引进和培养可以通过外部引进和内部培养相结合来完成,为企业的专利管理人员队伍奠定了基础。若企业专利事业快速发展,进入专利战略管理的高级阶段之后,企业应提高专利管理队伍业务素质,扩大专利管理队伍,通过设立专利工程师等职位,加强企业专利人才队伍建设。

7.1.3 制定符合企业自身特点的专利战略

知识产权战略是一种深层次的知识产权管理和全局性方针，它产生于科技与经济的飞速发展、剧烈的市场竞争。就个别企业而言，专利战略的制定应侧重于战略的构成。就某一领域而言，其专利技术通常包括基本专利技术和外围专利技术。基本专利技术是我们常说的核心自主知识产权。因此，对于基本专利技术，企业可以完全选择基本专利战略进行一系列技术改进，并从基本专利的外围申请专利，从而形成一个能够有效抵制竞争对手改进基本专利的专利池，从而形成外围专利战略。当然，这需要长期的规划和资本投入，因此企业应该制定适合自身发展的专利战略。

此外，企业专利战略还应注重专利产业化。企业已经申请了核心技术专利，这不仅是对该技术的有效法律保护，而且可以为企业带来经济效益。知识产权不仅是一种防御措施，也是企业的重要收入来源。企业不仅可以自己实施专利，还可以通过专利转让、质押、许可等方式实现专利产业化。

7.2 专利挖掘申请布局战略

7.2.1 专利检索战略

7.2.1.1 加强专利信息的收集与分析

经常关注有关于研发技术领域的新发展、新信息，特别是专利信息的搜集与剖析，这对专利战略的实施起着关键作用。

首先，有利于研究人员获取最新的专利技术信息，调整研究方向，防止重复研究。

其次，有助于激发研究人员的创新想法，缩短研发时间。

最后，可以了解竞争对手的技术发展，并立即选择一种应对方法来防止侵犯他人的专利权。

在跟踪调查技术发展意图并根据新形势调整专利战略实施计划后，专利战略的实施将更有利于专利战略目标的实现。专利文献传播专利信息，促进技术发展，为经济贸易活动提供参考资料，是专利机构审批专利的基础，是实施专利法律保护的依据。专利文献是人类知识的宝库，是技术信息最新颖、最完整、最规范的来源。相对于其他科学文献而言，专利文献具有以下特点：

（1）其内容具有普遍性，专利文献中描述的技术内容和范围是技术信息、法律信息和经济信息的组合，以及内容广泛的大量战略信息资源。世界上70%到90%的发明只出现在专利文献中，而不是出现在会议报告、论文、会议报告和其他媒体中。由于专利的地理性质以及世界上大多数专利文献是自由使用的，如在日本，只有60%的专利申请被要求公开，只有50%被授权，只有大约2/3的保护期限完成。日本专利申请者在中国申请专利远低于10%。因此，在日本保护的大多数专利可以在中国自由使用。借助专利文献，人们可以节省研发时间和经费。

（2）报道速度快，专利文献传播最新技术信息。全球很多国家实施的是先申请原则，对于具有同样内容的发明，专利权授予第一申请人。因此，发明人非常想成为第一个申请专利的人。在中、德、英等国家，专利局在申请之日起一年半公开出版发明说明书，有利于加速技术交流的进程。发明成果出现在媒体上的时间，专利文献均早于其他媒体1~2年。

（3）该系统详细实用。专利文献格式规范化、标准化，具有统一的分类系统，便于检索、阅读和实现信息化。

7.2.1.2　充分利用失效专利

失效专利是社会公共财富，可以不用支付转让费就可以使用。失效专利一般包括三种类型：第一种是现有的失效专利技术；第二种是通过行使专利法的相关规定可以宣布失效的专利，尽管它已经被授予专利权；第三种是外国专利技术，在中国尚未获得专利。失效的专利虽然失去了法定保护，但却依然蕴含大量有价值的技术信息。而且失效的专利由于失去了法律保护，成为了社会公共财产，使用成本除人力检索成本外几乎为零，可谓投入产出率极高。在海量的失效专利中，技术信息量大、价值高的专利首选因法定保护期结束和被无效而失效的专利，这类专利都是被动失效，权利人不得不放弃的专利。

合理利用失效专利信息，可以有效地促进企业或国家的发展，帮助企业或国家通过失效专利开发出适合自身发展和具有先进性的专利技术，从而增多自己的专利数量，提高自己的专利技术竞争能力。

通过合理利用失效专利，中国太阳能应用技术企业不仅可以为太阳能技术的发展提供新思路，还可以获得自己的专利技术。通过以上对该领域专利信息的分析，可以找到失效的有用专利，可以从中选择有价值的相关技术。从专利失效的原因来看，可以看出专利的价值，因此可以采取相应的策略。我国太阳能应用技术企业可以根据需要直接使用一些失效专利，如有使用的价值但因法定期限届满而失效的。此外，为避免专利侵权纠纷，中国太阳能应用技术公司还可以分析失效专利的法律状态信息，并在此方面获得参考。此外，中国太阳能应用技术公司在跟踪竞争对手的专利技术时，也应该注意他们的技术缺陷，然后要求宣布他们的专利权失效，从而免费获得技术。我国太阳能应用技术企业在实施专利失效利用战略的过程中，必须充分认识自身，搞好研发和改进，重点跟踪竞争对手专利失效化的趋势，才有可能百战百胜。

7.2.1.3 建立太阳能应用技术专题专利数据库

产业专题专利数据库是具有本产业各技术领域有关的国内外专利的数据库，是将本产业各领域有关的专利进行收集、加工处理、标引、导航制作等，然后导入带有检索分析功能的专门软件形成的，能够快速的查询本产业各技术领域、主要申请人的国内外专利，使产业内的企业能够实时掌握本领域专利申请动态、新出现的技术，同时所具有的导航功能能够为产业内的企业研发快速提供技术信息收集、分析，提高研发的起点，避免侵犯他人专利权。

建议根据企业自身技术特点建立太阳能应用技术专题专利数据库的产品研究和开发方向，尤其是重点考虑利用太阳能的新技术、新材料、新工艺、新装备，诸如太阳能热水器、太阳能电池、太阳能光伏技术等领域，将太阳能应用技术进行技术分解，制作快速检索导航，建立太阳能应用技术专题专利数据库，对各导航所对应的专利在全球范围内进行检索，将检索到的专利进行分类、标引，然后上传入库，建立部署在企业本地的特色产业专利专题数据库，并定期更新，快速提供企业所需要的专利信息，并对专利信息进行分析，能够提高专利信息对企业创新活动的支撑作用。

7.2.2 专利研发战略

专利技术研发，是从最根本的技术着手，增强源头创新实力，也是专利战略实施、申请、运营、保护的基础，其培养太阳能应用技术企业核心竞争力，从而实现太阳能应用技术企业行业不断地健康发展。然而，太阳能应用技术的研发有高投入、回报周期长等特点，单独依靠企业自身力量是远远不够的。企业应积极争取技术研发和联合攻关的国家社会层面支持，寻求与高校及科研院所、企业联合研发，建立太阳能应用技术联合开发应用中心，促进技术的研发和转化，实现技术的经济和社会效益，持续推动技术的研发和企业业务的发展。

7.2.3 企业专利申请战略

根据企业专利、商业战略的需要，企业开发的技术被专利或用作技术秘密或其他手段。企业通常应建立由经理、技术人员、法律人员和销售人员组成的制度来评估企业的发明并决定是否申请专利。一经申请，一般采取"市场导向"的申请策略来决定对哪些国家申请专利进行分析，即首先申请人口最多、市场最大的国家的专利，采用"生产导向"的应用策略，也就是说，当专利权在竞争对手生产或经营的国家申请时，专利权人可以通过合法手段在侵权情况下查封原产国的侵权产品，无论其出售的是哪个国家。这两种策略可以同时应用于那些有高度发达的产业和广阔的市场的国家。简单来说，公司为了保护自身这些国家的市场利益和竞争优势可以申请有潜在市场或竞争者的国家的专利。

专利申请策略也应该考虑：是否所有的发明和创造都应该获得专利；什么时候和什么样的专利应该申请；具体来说，首先是权利的选择，一些技术成果不需要专利，保护技术秘密（专门知识）更好，技术秘密更能保护好它。其次是申请时机的选择，对于基础发明，为了避免其他企业对自己基本发明的封锁保护，一般申请专利是在其应用研究和周边研究大体成熟后，以防其他企业以基本发明为基础改进研究或先申请应用发明专利；拥有众多竞争对手的技术，巨大的市场需求和易于模仿的技术应该尽快获得专利；对于企业已经领先、难以参照的技术，在竞争对手即将追赶时可以申请专利的模仿技术，一方面延长了保护期，另一方面避免了技术的过早披露；让竞争对手有机会利用它。最后是选择申请类型，对于竞争者来说不能绕过基本专利进行模仿而衍生出大量的相关专利、会对产业活动产生根本性的影响、因为成本高和开发周期长而需要社会技术力量的支持的，可以申请基本专利，这几种类型具有广泛的应用范围；一定要采取对抗基本专利权人的战略，以及以相同原理围绕多种不同的专利加强自身力量，这样才能更好地保护好自己。为了避免其他企业先一步申请而对自己造成限制，我们应该对于一种技术储备或将来实施更新发明的基础申请防御性专利；可申请专利迷惑，我们应该有意地申请一些企业不需要的技术的专利，避免对手清楚地把握企业的技术发展方向，以免跟踪自己的发展。

7.2.4 企业专利网战略

专利网络战略的目标是提高专利申请率，也就是说，为每个创新方案申请专利，并以原理基本相同的不同权利要求范围围绕基本专利建立大量的专利。当企业拥有基础专利时，应通过对其持续地改进原有技术以获得更广泛的专利保护因为技术本身的发展是一个升级过程。KevinDavid 指出，为了开发高利润和领先地位的产品，任何有效的专利战略都应该包括三个要素：第一，保护核心技术优势，即使用专利地图来选择产品，该产品可以和竞争对手的障碍专利相竞争，然后申请产品的核心技术专利，该专利可使在市场上的同类产品表现出最大的性能优势；第二，加强保护专利产品的不同特征，即通过专利墙来保护对核心技术，该专利墙笼罩存在差异的核心特征；第三，控制方法的核心，即对对于建立市场或销售产品都是必需的生产、贸易、分配的方法申请专利。

专利网战略有拥有基本专利、不拥有基本专利这两种类型。对于拥有基本专利的企业来说，围绕自己的专利建立专利网络可以有效地保护技术成果，从而最大限度地发挥专利的作用，不仅延长了基本专利的垄断地位，还防止竞争对手实施反包围策略。目前，世界专利持有数量很多的公司，如佳能、夏普和松下，都非常热衷于这一战略。在太阳能行业，这些公司的基本专利集中在光伏技术领域，但主导方向不同。在太阳能应用技术行业，拥有基本专利的公司很少。皇明太阳能集团基本上满足了实施这一战略的要求。但是，其专利基本上是实用新型，技术革新水平稍低。第二种类型的专利网络战略不是拥有基本专利，而是围绕其他人的基本专利建立专利网络来遏制竞争对手。实际上，某一技术领域的基本专利基本上是在一定时间内确定的。对于后来进入该领域的公司来说，拥有基本专利是不可能的，但是他们可以绕过基本专利来挖掘对方遗漏的技术并形成自己的专利网络。这种类型适用于中国的大多数太阳能公司。从全球专利分布中，我们可以看到日本和美国是光伏太阳能领域的技术强国，在中国拥有大量专利。进入该领域，我国的一些太阳能应用技术企业相对于其他国家来说是晚了一点，基本专利由竞争对手控制，但是他们可以绕过基本专利，发现竞争对手错过的技术，并形成自己的专利网络。

7.3　企业专利运营战略

7.3.1　专利收购战略与专利交叉许可战略

在专利收购战略中，有两种收购方式，分别为：对专利产品的收购和对专利技术的收购，主要是根据收购专利的对象划分的。收购专利产品是直接收购先进技术的专利产品，减少无法充分利用先进专利技术的优势，因为他们没有使用专利技术的关键技术。这种形式的专利获取策略可以有效地克服生产力的不足，降低相应的投资风险，并且可以提高专利产品引进后的专利竞争力水平。收购专利技术通常发生在拥有相对综合实力的企业或国家。这种形式的收购可以增加专利数量，增强专利技术的竞争力。新技术的使用对于企业的发展是不可或缺的。在这种情况下，可以采用专利收购策略作为新技术引进或创新的重要措施。但要注意面对新的专利技术，要有效地把握住专利技术的使用技巧，有效地挖掘出新的专利技术的优势，以免形成资源的浪费。

中国太阳能企业可以与拥有更多专利技术的企业合作购买或许可专利，并可以继续保持在这一技术领域的竞争优势，可通过许可或转让部分专利来收回研发成本。转让专利技术还可加速自身的专利实现技术标准化的进程。高校和研究机构为了使得研发的技术能够广泛应用于社会可以采取专利许可或专利转让。

7.3.2　专利回输战略

专利回输战略通常是继专利收购战略之后出现的另一种形式的专利战略，在一定程度上具有进攻型专利战略的性质。实施专利收购战略后，引进新专利产品或新技术最重要的是在原有基础上提出自己的创新点，加强新产品或新技术的结构或功能改进，通过必要的引进、吸收和创新，使新专利产品或新技术成为有利于提高专利实力的专利技术。改进的专利技术可以由原始专利所有人以另一种形式收购，以完成回输专利技术的策略。

企业在引进专利技术后，应当对其不断地进行研究、消化、吸收和创新才能缩小与发达国家的差距。技术差异消除后还可将创新的技术向国外申请授权，这种战略就是专利回输战略，实施此战略要求企业有一定的研发实力。目前我国一些企业已经建立了研发中心，并取得了一定效果。如山东力诺瑞特公司与德国公司合作开发出的阳台壁挂太阳能分体热水器，解决了高层、多层建筑物太阳能热水器有效结合应用的问题；北京桑普太阳能公司研发出太阳能热水远程控制技术，缓解了工程运行中的维护工作。

7.3.3　建立产业专利联盟

专利联盟（专利联营）是指由多个专利所有者组成的正式或非正式联盟，以便能够相互分享专利技术或统一向联盟外部发布专利许可。

专利联盟的优势非常显著，既可减少联盟内成员间、专利使用者的交易成本，又可避开成本昂贵的侵权诉讼等。

当前，我国太阳能应用技术行业的企业已经具备了建立专利联盟的基础。诸如我国成立了"太阳能光热产业技术创新战略联盟"，"中国光伏行业协会"等相关协会组织，促进太阳能应用技术发展。

（1）太阳能光热产业技术创新战略联盟（以下简称太阳能光热联盟）于2009 年 10 月成立。是一个由太阳能光热领域相关企业、大学、科研机构，以企业的发展需求和各方的共同利益为基础，以提升产业技术创新能力为目标，以具有法律约束力的契约为保障，形成的联合开发、优势互补、利益共享、风险共担的技术创新合作组织。是科技部 36 家试点联盟之一（国科办政〔2010〕3 号），26 家 A 类联盟（国家级）之一（国科办计〔2012〕4 号）。

太阳能光热联盟以太阳能热发电等技术创新需求为导向，以形成产业核心竞争力为目标，以企业为主体，围绕产业技术创新链，运用市场机制集聚创新资源，实现企业、大学和科研机构等在战略层面有效结合，共同突破太阳能光热产业发展的技术瓶颈。

太阳能光热联盟在太阳能热发电等政策研究和推动、标准研制、技术研发、科技项目推荐管理、产业合作、成果推广应用和国内外合作交流等方面，发挥着组织协调和桥梁纽带作用，为我国太阳能光热技术创新、产业发展、政府管理提供支撑和服务。目前太阳能光热联盟共有成员单位 74 家，几乎覆盖太阳能热发电全产业链关键环节。

（2）中国光伏行业协会（英文名称为 China Photovoltaic Industry Association，缩写为 CPIA）是由中华人民共和国民政部批准成立、中华人民共和国工业和信息化部为业务主管单位的国家一级协会，于 2014 年 6 月 27 日在北京成立。会员单位主要由从事光伏产品、设备、相关辅配料（件）及光伏产品应用的研究、开发、制造、教学、检测、认证、标准化、服务的企、事业单位、社会组织及个人自愿组成，是全国性、行业性、非营利性社会组织。

中国光伏行业协会的宗旨是：遵守宪法、法律、法规和国家政策，遵守社会道德风尚；维护会员合法权益和光伏行业整体利益，加强行业自律，保障行业公平竞争；完善标准体系建设，营造良好的发展环境；推动技术交流与合作，提升行业自主创新能力；在政府和企业之间发挥桥梁、纽带作用，开展各项活动为企业、行业和政府服务；推动国际交流与合作，组织行业积极参与国际竞争，统筹应对贸易争端。

截至 2017 年 2 月，协会会员数量达 270 家，包括了多晶硅、硅片、电池、组件、专用设备、辅材辅料、配套部件、系统集成、光伏发电等各产业链环节的企事业单位、行业研究机构、标准及检测认证机构、大专院校、地方光伏行业组织等。协会会员单位的多晶硅总产量占 2014 年中国大陆总产量的 95% 以上，硅片占 80% 以上，电池片占 70% 以上，组件占 75% 以上，逆变器占 60% 以上，代表着中国光伏产业界的骨干力量，具有广泛的代表性。

7.3.4 专利标准化战略

专利标准战略实质上是专利联盟的延伸，也有观点认为专利标准策略是专利联盟战略在专利增值策略上的最高表现。一个技术标准实际上就是一套专利组合，当专利联盟中的专利累积到一定数量和质量时，可以考虑通过标准化途径将技术上升为标准。

目前国际上制定技术标准的方式有：企业标准或事实标准、标准组织制定标准、政府制定强制标准。除政府的强制性标准外，另外两个标准是通过企业参与制定的。

　　标准组织制定标准有两个方面：第一方面，国际标准组织按照形式公正的程序制定标准；第二方面，核心企业控制标准的运作和推广。对于第一方面来说，现有的国际标准的规则鼓励了技术开发、促进了产业的发展、有利于消费者，在一定程度上是一个多赢的规则。这项规则本身是公平的，但是大多数国际标准组织由发达国家的跨国公司控制，因为不同的国家在科学和技术方面处于不同的发展水平。主要原因是技术标准需要专利专利技术，而外国跨国公司在研发方面投入巨资，重视专利开发，拥有绝大多数技术专利。对于第二方面来说，虽然国际标准组织（ISO）没有强制力，但它具有很强的促进力。国际标准组织只要求核心公司提供专利技术，并承诺无歧视或免费许可。他们不参与知识产权许可的具体过程。核心企业与各专利需求者通过谈判来解决知识产权授权问题。跨国公司通过由国际标准组织为大型企业的专利标准提供的平台运作专利标准战略，其运作的手法和模式有：用企业联合形成事实标准和私有专利构建公共标准，并相互授权加强标准垄断两种方式。因此，作为技术创新的主体，我国太阳能应用技术企业应积极参与标准的制定，超越国外企业的专利技术标准壁垒，建立独立的技术标准，保证企业的竞争优势。

7.4　建立专利保护应急和预警机制

　　企业专利保护应急预警是指及时应对突发专利纠纷，对可能发生的专利纠纷进行预警，对可能发生的专利纠纷进行预警，以减少企业损失，维护和保护企业利益。实行企业专利战略的关键组成部分是创建专利保护应急和预警机制。企业专利保护应急响应和预警机制应至少包括以下任务：

　　（1）在进行技术开发项目之前，企业应对新项目查新，了解现有技术的现状与发展趋势，借鉴现有技术，进行独立的研究和开发，以避免低层次的重复研究；在专利预警机制的建立中，专利信息剖析是很关键的。对专利信息进行全面、严谨的分析之后，业内人士以其发现的技术发展和趋势、现有的和潜在的竞争者为基础为其建立专利战略，以最低成本实现最大收益。

　　（2）在项目开发和研究的过程中，要注意相关的开发技术，专利检索信息应该在必要时更新。

　　（3）项目完成后，与项目开发者一起拟定专利保护计划。

　　（4）在专利侵权诉讼时，起草一份报告和技术专利侵权判断，如果有必要，提出技术方案，以避免侵权。

（5）针对企业所属行业技术发展的现状，跟踪竞争对手专利技术发展状况，制定对策和计划，提前发布预警，主要内容包括：外国企业申请专利的重要产业领域及其比例。这些专利申请涉及的关键技术是什么？这些技术的水平是多少？当比较结果达到预设的警报程度时，国家通过适当的机制发布预警信息，引导和提醒相关领域的企业，行业协会，政府机关和研究机构采取及时应对措施。

（6）制定企业专利申请、专利技术利用、专利权许可与转让方案。

7.5 积极运用专利维权战略

专利维权包括专利维持和专利诉讼等，是企业专利战略的一个重要保证。在这一过程中，企业要有效利用专利分析，科学判断专利技术的生命周期，全面判断专利技术的价值。为了维护和保持专利，我们应该实施技术追随策略和专利过期策略。要科学地判断出专利技术处在哪个阶段，因为专利技术的生命周期包括起步期、成长期、成熟期、衰落期四个阶段。由于一种产品在市场上的优势地位经常会随着时间的变化而发生变化。

专利诉讼，是所属技术领域产品市场份额之间的较量，是竞争对手利益的博弈。企业要判断出专利诉讼涉及专利的法律状态，以及其法律状态的存活期，从而对专利诉讼策略提供依据。一是要积累战略性专利资源，为企业可持续发展提供后盾支持；二是对具有市场份额高的核心技术，要积极应诉，找出适当的解决方法；三是通过和解策略，节约时间和成本，提高国际竞争力，达到双赢目的。

因此，我国太阳能应用技术企业要积极运用专利维权战略，合理进行专利维持和积极进行专利诉讼。对待专利侵权诉讼问题，要坚决维护自己的权利；对于可能的侵权行为，应当以专利制度的法律规定为基础，尽量收集证明专利无效的证据，以驳回对方的侵权诉讼。如果不能通过反诉解决问题，应主动了解对方的需求和目的，提出专利购买、专利交叉许可等解决方案，以打破竞争对手的垄断，维护自己的切身利益。此外，我们应该提高我们的专利保护意识，充分利用知识产权法律法规提供的保护功能，独立主动地收集国内外竞争对手的专利侵权证据，为了维护自身的合法权利及提高企业竞争力应即时向这些竞争者提出专利侵权警告或向司法部门提起专利侵权诉讼，迫使对方停止专利侵权并支付专利侵权赔偿。

第8章 太阳能应用技术知识产权战略建议

8.1 加强太阳能企业知识产权战略意识和知识产权资源配置

8.1.1 建立和加强企业知识产权战略意识

当前我国太阳能应用技术企业重有形资产、轻无形资产的意识较重。绝大多数企业无法从思维意识上改变，其认为企业的发展考虑可见绩效考核和有形的社会财富，诸如人员引进、工厂硬件设置、资本引进等方面。此外，在专利申请与保护方面，我国相当部分太阳能企业基本没有积极主动性，甚至忽视专利申请与保护，致使创新成果错失专利权获得机会；企业注重发明成果的短期效益，而不关注其长期效益和最大化效益。因此，太阳能技术企业应加强知识产权的宣传、培训、教育，企业领导层要主动学习的知识产权概要知识，充分意识到企业的知识产权战略不仅与企业经营发展战略紧密联系，也与企业总战略紧密联系，对企业创新，开发新技术、新产品、新业务具有非常重要意义。企业要将企业知识产权作为加强企业文化建设重要组成部分，强调企业知识产权文化中的核心价值观，需要树立激励和鼓励创新、以创新成果获取市场竞争优势的观念。

8.1.2 将知识产权战略融入公司总体战略

知识产权战略，作为公司整体战略的重要组成部分，应具有非常详细且切实可执行的特性。在自主研发的基础上普遍开展合作；坚持顾客价值观的演变引导产品方向；确保研发基金分配根据销售额的一定比例，并在必要时增加分配比例。

在实施知识产权战略时，市场、研发、知识产权部门应密切合作，在项目的研究和开发前进行知识产权风险分析，当市场上任何时候有反馈回的知识产权问题时，知识产权部门产品应就项目是否落入专利保护的范围给予法律建议指导，共同努力寻求知识产权的有效解决方案，充分发挥知识产权的牵引和支持公司业务作用。

8.1.3 加强企业知识产权战略管理和资源配置

为保证企业知识产权战略的有效实施，企业内部需进行必要投入。实施知识产权战略的重要前提是：企业必须建立和完善知识产权管理组织，确定知识产权管理部门的工作内容，并适当分配知识产权部门的资源。为确保有效地实施知识产权战略，应该在两个方面进行投资：软件（知识产权管理系统）和硬件（知识产权管理组织）。

（1）企业知识产权管理机构。建立企业知识产权管理机构，根据企业知识产权管理所需的各种资源按照企业知识产权管理的总目标进行相应的配置，以确定其功能的分布，不断反馈信息组织通过各种具体职责的执行资源，形成一个相对稳定、科学的知识产权体系。在具体工作中，要建立和完善企业的知识产权管理机构，负责制定和完善企业的知识产权战略和有关规章制度、专利的日常事务。在企业内部应用和维护、许可商标和商标管理，以及对企业员工进行知识产权培训和教育等工作。组织要配备知识产权专业人员、科研人员和法律、市场营销人员等，必要时可以邀请相关领域的专家，负责人应以企业经营者和最高管理者担任。

（2）企业知识产权管理制度。知识产权管理体系的建设在中国企业呈现很大的差异。一般来说，中小企业在发展的初期阶段存在很多问题，成熟发展阶段的大型企业和高新技术企业的知识产权管理体制比较健全。制度化和系统化的知识产权管理和建立一个知识产权与专利和品牌管理系统为核心的管理模式都是不可或缺的现代企业，尤其是大型企业。所以，只有按照国际和国内有关知识产权的法律法规，坚持以市场为导向的知识产权战略管理机制，并结合自身的实际特点，企业才能创建一套完整的知识产权规则，包括收入分配系统、商业秘密保密系统、权利所有权、档案管理系统、人员培训系统。该系统可以实现知识产权战略的程序化、科学化和合法化实施，增强企业市场的竞争力，从而增加企业产品的附加值和技术价值。

8.1.4 强化企业知识产权战略人才的开发与培训

知识产权战略管理者是企业实施知识产权管理的人力资源保障和枢纽，是技术创新和知识产权战略的有机结合。为确保企业知识产权人才需要创建至少三层结构：顶层，主管知识产权，为企业知识产权事务的协调、管理和决策，对中小企业，由企业副总裁或技术、法律等部门主管兼职负责人；知识产权管理层，全职和兼职管理人员，也就是说，企业专门处理知识产权事务的管理人员，更通过知识产权与知识产权工程师资格或实际训练，建立全职职位；执行层，知识产权联络人，研发人员，知识产权联络人，执行知识产权管理部门的任务。研发人员应及时向管理层提交专利申请或技术报告，以便对产品设计和研发的创新成果进行审查。

8.2 积极运用国家社会等外部知识产权资源

8.2.1 善用国家知识产权战略相关法律法规及政策

我国为促进科学技术和文化创作发展，提高创新能力，重视知识在经济社会发展中的作用，转变经济发展方式，缓解资源环境约束，提升国家核心竞争力，建设创新型国家，制定颁布实施了知识产权相关法律法规和相关政策。在知识产权法律方面，诸如中国内地主要的知识产权法律、法规和行政规章：《商标法》《商标法实施细则》《专利法》《专利法实施细则》《技术合同法》《著作权法》《著作权法实施条例》《计算机软件保护条例》等法律法规；在知识产权相关政策方面，如 2008 年 6 月 5 日，国务院发布《国家知识产权战略纲要》，纲要明确提出，实施知识产权战略，要坚持"激励创造、有效运用、依法保护、科学管理"的方针，成为我国知识产权事业发展的指南，也是建设创新型国家的纲领性文件。为了贯彻落实《国家知识产权战略纲要》，2009 年，国家知识产权局印发实施《2009 年国家知识产权战略实施推进计划》和《2009 年中国保护知识产权行动计划》，之后 2011～2014 年每年均印发实施国家知识产权战略实施推进计划。2011 年 10 月 14 日，国家知识产权局等 10 部委共同编制并发布了《国家知识产权事业发展"十二五"规划》，确定了大力实施国家知识产权战略的指导思想。2014 年 12 月 10 日，国务院办公厅印发《深入实施国家知识产权战略行动计划（2014～2020 年）》，提出到 2020 年，知识产权创造水平显著提高，运用效果显著增强，保护状况显著改善，管理能力显著增强，基础能力全面提升。2015 年 3 月 13 日，《中共中央国务院关于深化体制机制改革加快实施创新驱动发展战略的若干意见》印发，提出让知识产权制度成为激励创新的基本保障，实行严格的知识产权保护制度等一系列重要部署。同年 12 月 18 日，国务院印发《关于新形势下加快知识产权强国建设的若干意见》。意见明确，深入实施国家知识产权战略，深化知识产权重点领域改革，实行更加严格的知识产权保护，促进新技术、新产业、新业态蓬勃发展，提升产业国际化发展水平，保障和激励大众创业、万众创新。2016 年 11 月，《中共中央国务院关于完善产权保护制度依法保护产权的意见》印发，指明"加大知识产权侵权行为惩治力度，提高知识产权侵权法定赔偿上限，探索建立对专利权、著作权等知识产权侵权惩罚性赔偿制度""将故意侵犯知识产权行为情况纳入企业和个人信用记录"，加大对知识产权的保护力度。2017 年 6 月 23 日，经国务院知识产权战略实施工作部际联席会议审议通过，《2017 年深入实施国家知识产权战略加快建设知识产权强国推进计划》印发实施，确定了深化知识产权领域改革、严格保护知识产权、促进知识产权创造运用、深化知识产权国际交流合作、加强组织实施和保障 5 大重点工作，103 项具体措施。2018 年 1 月 22 日，国务院知识产权战略实施工作部际联席会议办公室召开会议，宣布《国家知识产权战略纲要》实施十年评估工作总体评估专家组正式成立。同年 4 月 10 日，中国国家主席习近平在博鳌亚洲论坛开幕式上发表主旨演讲，将"加强知识产权保护"作为扩大开放的 4 个重大举措之一，"这是完善产权保护制度最重要的内容，也是提高中国经济竞争力最大的激励"。

在知识产权相关试点工程以及人才方面，国家知识产权局颁布实施《关于加快建设知识产权强市的指导意见》（国知发管字〔2016〕86 号）、《知识产权人才"十三五"规划（2016～2020 年）》等相关政策，建设知识产权强省、强市、强企等示范工程。因此，太阳能应用技术企业应认真研读国家相关政策，结合企业自身情况，充分利用政策，响应政策建设知识产权优势企业，促进技术、业务的发展，提高核心竞争力。

8.2.2 积极利用知识产权中介机构和中介服务体系

实现知识产权管理、保护、合理流动、扩散的主要社会力量是知识产权中介机构。它包括：科技成果评估鉴定机构、技术交流所、律师事务所以及其他社会化中介服务机构，版权、商标、专利及其他知识产权代理服务机构。为企业提供知识产权具体事务和相关信息服务的知识产权中介机构通过提供知识产权的评估评价和交易中介机构使知识产权流动在开放、公平、公正的交易中，有利于知识产权的扩散和合理利用，实现其商业价值和社会价值，推动技术创新和社会进步。同时，在国家相关政策支持下，我国的专利中介服务机构发展取得很大进展，知识产权中介服务体系基本建成。此外，知识产权的应用、评估、应用和保护等是一项非常繁琐的任务。因此，企业应积极利用知识产权中介机构的专业帮助和指导其实施知识产权战略，并积极利用国家社会知识产权信息工程师、知识产权交易市场以服务于他们施行知识产权战略，促进企业业务的发展。

8.2.3　善用国家政府创建的知识产权战略市场制度环境

一个良好的制度环境和市场秩序有利于企业知识产权战略的实施。近年来，国家增加资金投入，确立优先发展高新技术领域和关键领域；进行宏观政策引导，制定和改进某些方面的法律法规，如风险投资、专利许可与转让、中小型企业贷款担保、中介机构建设等；将知识产权保护纳入社会诚信体系建设，严格整治和规范市场秩序，依法追究刑事责任的人，有效保护发明人、设计人的知识产权和所有者的合法权益；建设知识产权信息网络，扩大网络布局，加强基础统计工作，丰富信息数据库；加强并组织知识产权培训，提高服务人员的服务水平、业务水平。

因此，太阳能应用技术企业应积极利用国家创造的知识产权良好制度和市场秩序环境，争取政策和资金支持，甚至争取促使国家设立专项的资金，尊重和重视知识产权，加大知识产权创造力度，利用社会知识产权信息服务，结合企业情况积极参与知识产权相关培训，对于知识产权侵犯，要积极维权，提高知识产权战略实施能力。

8.3　建立和完善企业知识产权战略发展路径

8.3.1　建立共享的企业内部知识产权信息管理网络机制

太阳能应用技术企业为更好地服务于知识产权战略的分析、研究和实施可通过自身已有的专利数据库作为专利收集、管理渠道形成共享的企业内部知识产权信息管理网络机制。它可以使企业掌握行业和主要竞争对手的信息和文献报告、标准、专利等技术信息，并利用知识产权信息贯穿研发生产和经营管理的全过程。

8.3.2　开发和利用核心自主知识产权，培育企业核心竞争力

增多太阳能应用的专利申请，特别是在太阳能电池和太阳能电池组件的生产方法和工艺方面，加快专利技术的产业化速度，将专利技术应用于主导产品，使

主导产品形成自己的核心竞争力。

8.3.3 改进知识产权战略和布局

将知识产权的创建、应用、保护和管理按照企业的发展战略和产业特点纳入企业管理的各个方面。对于美日市场，在产品进入的同时要进行知识战略布局，由搜索到的美国和日本的产品专利和核心技的专利术来定产品研究和开发的方向以及待售产品类型，并酌情提出外国专利申请和 PCT 申请。在研发的过程中，经常搜索和分析专利的核心技术或产品，及时申请专利，确保产品有足够的专利保护它们，不会出现没有知识产权风险。

8.3.4 创建和改进知识产权的预警机制

实施知识产权战略后，对国内外专利信息、市场信息进行搜索和分析，这些信息都是关于本行业产业技术和相关技术的，建立和完善知识产权预警系统，规避专利风险。构建企业知识产权攻防体系，根据企业业务发展目标，制定技术创新战略。

8.4 建立和完善企业知识产权战略

8.4.1 制定企业战略实施计划

认真制定和不断深化企业知识产权战略以及以企业的知识产权优势为支撑来研究和制定企业发展战略，将企业发展战略与知识产权战略相结合，并确定企业的发展方向和战略目标。同时，根据企业发展战略，选择知识产权战略作为应对竞争的重要手段，企业要建立知识产权激励机制，处理好技术引进和消化吸收、自主研发和技术合作关系，建立自己的核心技术，以知识产权为源泉，从源头到市场，形成其产业链和价值体系，让知识产权成为企业盈利和企业竞争优势的重要来源。

8.4.2 知识产权申请和布局

知识产权的申请和布局并不仅限于专利的申请和布局，还包括商标品牌、商业秘密、著作权等的申请和布局。对于太阳能应用技术企业而言，其知识产权主要包括专利、商品品牌和商业秘密三个方面。对于公司的重大技术创新、关键技术成果，企业应根据技术情况合理确定是否通过专利申请和布局加以保护，或者以商业秘密的形式加以保护，或者两种结合的形式加以保护。

关于商标品牌，施行商品品牌政策，熟识行使企业商标设计、选取和即时请求登记策略，商标特许经营战略，联合商标及防御商标策略，商标与商号一体化策略，商标国际注册及商标国际化经营战略，商标使用策略，商标延伸策略，商标形象及广告宣传战略；企业品牌定位、形象、国际化战略等相关商标品牌战略。太阳能应用技术企业应积极进行申请和布局，从商标注册阶段就制定战略计划，通过一些必要的贸易和法律手段增加知名度和附加值，最终形成自己的品牌。在制定知识产权战略后，企业可以形成适合市场规则的品牌成长战略，从而可以利用和发展知识产权，实现企业产品的品牌效应，最终实现企业的经济增长。

8.4.3　知识产权应用计划

公司应该为自己的知识产权建立一个专门的产权资产评估机制，并成立一个知识产权审计小组，这个小组综合运用金融、法律、生产、科研、市场和知识产权管理方面的人才，并负责对知识产权资产及其来源进行分类和分析，且应及时核对和审查知识产权的法律地位、技术地位、用途和效益。当然，对于一些小企业来说，他们也可以委托有知识产权评估资质的企业来合理评估自身知识产权的价值，及时整理知识产权资产的相关信息，按时整理相关企业的知识产权财富，并建立知识产权财富管理台账。最重要的是要充分利用知识产权招牌。

公司对所拥有的专利实行资产化管理，并根据专利价值度实施专利分级管理。根据专利的属性或领域，专利分为四类：基本专利、核心专利、基础专利和一般专利。为了确定专利所保护的技术或创新成果的技术状况、市场潜力可根据专利的作用、市场价值进行评级以及专利价值分析。作为知识产权最高决策机构，知识产权战略工作委员会进行审核。应根据专利分类、专利价值分析、专利评级的结果来确定一家公司的专利是否得到维护以及专利转让金额。

8.5　实施太阳能应用技术"产学研商"知识产权战略合作

太阳能光伏发电领域真正有实力的竞争对手或者说专利权人并不多，主要还是一些老牌大企业、高校和研究机构。在做技术分析时，我们称之为竞争对手，其实这些申请人需要区别对待，而不是一概而论的作为竞争对手。

首先是有业务重叠的企业，这些可称为真正的竞争对手，对于这些企业可以采取争取合作的策略，现在社会是一个合作共赢的社会，任何一个单位都不能夜郎自大。对于一些复杂的技术难题，大企业虽然实力雄厚，但考虑到成本、风险等因素，其也会选择合作公关。因此，能合作的尽量达成合作关系，将彼此了利益捆绑在一起，避免自我损耗。如青岛经济技术开发区海尔热水器有限公司、国内的山东力诺瑞特新能源有限公司、江苏贝德莱特太阳能科技有限公司等都是实力较强的企业，可以尽量达成合作关系。而对于国外的巨头公司，如日本三洋电机株式会社、松下电器产业株式会社、佳能西门子电器等以及韩国、美国企业，这些都是国际太阳能光伏发电和太阳能热水器技术领域的巨头公司，这些企业或许合作希望不大，但可以通过购买、授权的方式达成合作。还有些公司，他们有很多专利并没有在中国布局，这样在国内使用他们的专利技术是不构成侵权的，因此可以大胆的采取"拿来我用"的策略。

其次是大学等教育机构，教育机构是专利申请的一大主体，尤其是在国内，通过分析发现，我国专利申请人中，高校也有不少，说明我国高校在专利申请方面十分活跃。高校作为纯理论研发机构，且不直接从事相关经营活动，因此可以把该类群体作为合作伙伴对待。企业和高校合作能够实现优势互补，企业多于实践活动，或许在理论研究等研发方面不及高效，而高校缺乏实践在理的应用方面是短板。产—学—研的结合既能够给高校的研发带来经济利益，进一步促进其研发热情，也能够给企业带来经济和市场效益，实现产—学—研良性循环。

最后是科研机构，科研机构也是专利申请的一大主体，作为专门做研发的机构，科研机构在专利申请量和专利的质量上都是值得肯定的。针对科研机构企业可以采取灵活、有针对性的措施，因为很多科研机构有下辖的实体企业，或者是实体企业下设科研机构，这样科研机构和实体企业就成为利益共同体。对于有实体企业的科研机构，可以争取和科研机构或企业进行合作。对于部分独立科研机构，可作为战略同盟，公共研发、共同经营，实现利益最大化。

附 件

附表 1 被质押的专利（摘取部分）

序号	专利名称	申请人	申请号	摘要
1	光机电一体化户用太阳能热水器	北京天普太阳能工业有限公司	CN2009 10091015.2	光机电一体化户用太阳能热水器属于太阳能利用装置领域，解决户用分体式太阳能热水器的适用性问题；具有全系统承压户用分体式太阳能热水器的基本结构组成，集热器、内装换热装置（6）的储水箱（5）以及导热工质及其循环系统，还具有用于导热工质强制循环、并与集热器呈一体的光伏电源（16）及以光伏供电源（16）驱动的光伏泵。通太阳能热水器及常规户用分体式太阳能热水器的不足，改善、充实、确保并扩展了二者的优越之处；三位一体的结构，使光热、光电转换同时同步运行，光电转换的同时还能补充集热量；强制循环自动智能控制，安全可靠，经济实用，适用性强，批量生产，便于标准化建筑，高层住宅性建筑，能满足广大居民的需求。
2	一种太阳能光伏三相微逆变器	浙江昱能光伏科技集成有限公司	CN2011101 22492.8	本发明提供一种太阳能光伏三相微逆变器，包括：直流端子，与三个直流光伏组件相连接，用于接收直流光伏组件产生的直流电；三个单相逆变电路，其直流输入端通过直流端子与三个直流光伏组件相连接，用于分别将直流光伏输出端的直流电转换为交流电，分别与三个单相逆变电路的交流输出端和三相交流电网相连接，用于将三个单相逆变电路产生的交流电并入三相交流电网输出；并且其交流输入端分别与三相交流电网三相中的一相以及零线相连接。相应地，本发明还提供一种三相光伏发电系统。本发明将三个单相逆变电路的交流侧并联在一起，能够简单地消除三相微逆变器直流侧输出的纹波功率。

序号	专利名称	申请人	申请号	摘要
3	太阳能光伏系统及其能量采集优化方法和故障检测方法	浙江昱能光伏科技集成有限公司	CN201110241669.6	本发明提供一种太阳能光伏系统，包括：多个光伏组件，用于采集太阳能以产生直流电；多个微优化器，输入端分别与各个光伏组件相连接以此串联连接，用于对各个光伏组件的输出电流和/或输出电压进行优化，以产生最大的功率；管理器，用于管理各个微优化器的工作状态；逆变器，与一串或者多个串微优化器相连接，用于将优化后的直流电转换为交流电并网输出。本发明还提供一种太阳能光伏系统的能量采集优化方法和故障检测方法，可以在同一光伏系统中阳能光伏系统采集每一个光伏组件产生的最大功率和额定功率号和不同型号甚至不同厂商和材料的光伏组件。使用固定的直流电压，输出固定的直流电压。
4	消除直流输入端纹波的单相逆变器	浙江昱能光伏科技集成有限公司	CN201110188748.5	本发明提供一种消除直流输入端纹波的单相逆变器，连于直流输入和交流输出间，包括：直流检测电路；交流检测电路；直流转换电路；电力转换电路，用于直流输入直流电信号和输出直流电信号，根据输入直流电信号和输出直流电信号消除输入直流电纹波；纹波消除单元，其中，纹波消除单元的工作模式，能量储存单元，能量释放单元和输出直流输入能量；能量储存控制器，能量储存单元纹波能量，控制纹波能量储存单元的开关。本发明还提供一种太阳能光伏发电系统，可被控制为等于直流输入端纹波的纹波，电压随电压随形变化，实现充放电，消除直流输入端的纹波。
5	一种用于太阳能热水器的排气溢流管	青岛再特模具有限公司	CN201020573913.X	本实用新型公开了一种用于太阳能热水器的排气溢流管，其包括塑料进出水管，橡胶密封件，所述连接橡胶密封件的塑料进出水管一端制橡胶密封件沿轴向滑动的台阶限挡部，另一端制螺纹，用于检测内胆密封件时安装垫头。所述塑料进出水管上还设置塑料挡片，在台阶阻挡部与弹性塑料挡片之间设置橡胶密封件，其特征在于：所述塑料进出水管导水管处设置有金属套管，解决快塑料进出水管水差效果而堵塞料管内部套接的金属管，避免了因外露端部水结冰而堵塞排气、溢流管的问题，保证了热水器的正常使用。

附表 2 被许可的专利（摘取部分）

序号	专利名称	申请人	申请号	摘要
1	带太阳能电池组件的光伏温室及发电装置	李毅	CN2008 10218323.2	本发明公开了一种太阳能光伏温室，用太阳能电池组件构建光伏矩阵，为温室大棚提供电源。带太阳能电池组件的太阳能光伏温室，包括主体框架、通风装置和保温装置，拱顶上安装多项前或单顶或多项的架结构构的屋顶，能电池与透明能材料搭建成单顶或多项用电的利用太阳能电池组件，尤其用非晶硅电池做农业温室大棚内用电负载，接室内用电负载，由电极引出汇流线到总线。有益效果是最大化利用太阳能做农业温室大棚内用电负载，易密封，幅面大，可做屋顶、墙体光伏发电，利用原有温室框架，易于推广；清洗装置能保持清洁的太阳能电池表面，提高发电效率，延长原有的使用寿命。
2	一种不承压式太阳能热水器	美的集团有限公司	CN2009 20188402.3	本实用新型是一种不承压式太阳能热水器，包括水箱（1）及与排气管（2）连通的排气管（2），水箱（1）通过排气管（2）同外部环境相通，其特征在于所述排气管（2）上装设有在水箱内压力同环境压力不等时可双向开启的常闭式阀门（3）。本实用新型由于采用排气管上装设有在相等时能自动复位闭合的常闭式阀门，在相等时能自动开流，因此，阀门既能抑制相等时能自然对流，减少热气的散失，降低太阳能热水器的热损，又能保持太阳能热水箱内压力同环境一致，避免压力变化引起产品损坏。
3	一种太阳能与地源热泵相合的供热水系统	天津大学	CN2009 10068803.X	本发明提供一种太阳能与地源热泵相合的供热水系统。太阳能集热器与电动阀、工质泵以及换热器串接，构成工质侧的闭路循环。换热器与蓄热水箱以及蓄热水箱、供热水箱、热水循环泵、电动阀等串接成水泵，热泵机组、地下埋管换热器与水泵送给用户。根据不同季节或太阳辐射强度的变化，通过电动阀的切换可以进行余热存储或由地下埋管换热器补充供热水系统。本发明采用太阳能土壤跨季节蓄热，同时又采用蓄热泵出口温度提高，并可不采用电辅助加热。本发明采用变能量实现能量的短期储存，缓解了太阳能供热水温不稳定的缺陷，同时并具有结构紧凑、性价比高的特点。
4	太阳能光伏中空玻璃的光伏部件	李毅	CN2008 10141725.7	本发明涉及一种太阳能光伏中空玻璃的光伏部件，具有外部引出电玻璃的光伏部件，还包括中空玻璃、薄膜太阳能电池和导电构件，薄膜太阳能电池（2）的两端用夹紧在导电构件内构成光伏中空玻璃组件，固定在中空玻璃的内置框架上，导电构件是一个截面呈"W"形的金属弹性部件，在该处"W"的压口（1-2）处夹薄膜太阳能电池条，并与电池的电极具有良好的电接触。本发明不仅加工简单，成本低，而且操作方便，还可避免划伤电池表面，保证太阳能电池性能的可靠性。

续表

序号	专利名称	申请人	申请号	摘要
5	一种卷帘式防过热太阳能热水器	北京市太阳能研究所有限公司	CN2010 20700578.5	本实用新型涉及太阳能热水器技术领域，具体公开了一种卷帘式防过热太阳能热水器，包括：水箱，与所述水箱连接的热管真空管；设置在水箱中的温度传感器；与所述控制器连接的电机；与所述控制器连接的热管真空管；卷在所述轴上的遮阳帘；所述遮阳帘位置有上两端部设置有配重杆的轴连接；所述遮阳帘位置的另一端与配重杆的另一端连接；在所述轨道的上下两端部分别设置有上限点开关和下限点开关。本实用新型能够有效防止太阳对太阳能热水器的持续加热，减少长久过热对水温对热水器的损坏，从而延长热水器的使用寿命，高效地利用能源。

附表 3　被无效的专利（摘取部分）

序号	专利名称	申请人	申请号	摘要
1	太阳能电池模块及工艺、建筑材料及安装方法和发电系统	佳能株式会社	CN98107858.3	太阳能电池模块，其中加固板带有不平坦部分，它和光电器件限定的空间填充有填料。制造太阳能电池模块的工艺：在表面不平坦的加固板上叠加至少一个热塑性树脂板部件和光电器件，加热热塑性树脂板部件，同时除去加固板和光电器件之间的空气，使它们紧密接触相互固定，由此得到的太阳能电池模块在光电器件和加固板之间没有形成有存空气部分。
2	太阳能电池屋顶、其构成方法、光电发电装置及建筑物	佳能株式会社	CN99127793.7	一种太阳能电池屋顶结构，光电电能产生装置，建筑物和构成太阳能电池屋顶的方法，在屋顶基底上提供基底密封部件覆盖通孔，并在屋顶基底密封部件中提供出口，或在屋顶基底上提供于太阳能电池组件的电引线设置在屋顶基底背面的空间中。太阳能电池组件的通孔覆盖通孔，该电引线通过设置在屋顶基底背面的空间中，于是提高了防水性能和防火性能。

续表

序号	专利名称	申请人	申请号	摘要
3	一种智能太阳电池光伏组件	无锡尚德太阳能电力有限公司	CN200720169211.3	一种智能太阳电池光伏组件，其包括多组太阳电池，将多组太阳电池连接为回路的电路线以及连接在所述回路中的接线盒，所述接线盒包括多个MOS晶体管，其中所述微控制器与所述各个MOS晶体管电连接，所述各个MOS晶体管与所述各组太阳电池并联。所述微控制器为单片机微控制器。本实用新型的有益效果在于，所述智能太阳电池光伏组件可以长期自动控制太阳电池光伏组件内部各组太阳电池电压平衡并且记录其工作状态，同时可达到安全可靠的要求。
4	分舱式太阳能热水器	芜湖德为尔太阳能有限公司	CN200810136476.2	本发明公开了一种分舱式太阳能热水器，水箱内按顺序设互相独立的进水舱（10）、温水舱（12）及热水舱（15），进水舱（10）、温水舱（12）及热水舱（15）均装有集热管（30），所述的进水舱（10）和温水舱（12）之间，温水舱（12）和热水舱（15）之间，分别采用热水导流器（11，14）连通。采用上述技术方案，减小了热水和冷水的混合速率，使热水得到充分利用；即开即有热水；集热水管和整个热水舱更安全，解决了安装位置、水压不够的问题。
5	热交换式太阳能热水器	沈惠铭	CN200620107925.7	本实用新型涉及一种热水器，特别是一种热交换式太阳能热水器。该热水器包括进、出水管，排污管、排水管、储热水管和内胆，其特征在于：还设置有热交换器，该热交换器安装在内胆内，且所述进、出水管与该交换器的两端相连通。本实用新型新型结构设计合理，水垢和细菌难以滋生，出水快、水流畅，热效率高，且能长寿命正常运行。
6	光伏太阳能热水器	马效春	CN201020534057.7	本实用新型涉及一种太阳能热水器，尤其是一种光伏太阳能热水器。包括水箱和插接在水箱上的集热管，水箱和集热管安装在支架上，其特征在于：在支架的上下两侧固定安装有水平设置的滑轨，滑轨上安装有滑块，该光伏太阳能电池板。该热水器产生热水的同时，还利用太阳能发电，并且可以根据需要改变太阳能热水器的热效率，以满足不同季节的需要。

序号	专利名称	申请人	申请号	摘要
7	从太阳热和废热发电	莫弗有限公司	CN200480027250.9	本发明涉及借助于来自空调系统的废热、废有机物、燃料电池及风的使用而发电以及风城市区域。第一方面涉及在竖柱以驱动发电涡轮机，这可以优选地增强第一方面的作用。第二方面涉及风及风能的使用以创建空气的螺旋状向上流动，这可以优选地增强第一方面的作用。系统的优点在于，通过转移来自可居住区域上方的城市废热，大大地缓和所前消城市环境的热岛效应问题。
8	太阳能多功能热水器	浙江华锦太阳能科技有限公司	CN200920121001.6	本实用新型涉及一种取暖装置，特别是一种太阳能多功能热水器，它主要适用于家庭、写字楼、厂房及其相应场所。本实用新型包括脱水器水箱、冷凝器水箱、补水副水箱，其特征在于：还设置有盘管、真空集热管、蛇形管、水箱连接管、冷凝管、冷凝板和冷凝排水管，所述盘管和蛇形管安装在冷凝器水箱内；所述蛇形管一端水进口接通，另一端管口与热水出口接通；所述蛇形管口与蒸馏器水箱接通，另一端管口与直通管接通，所述直通管一端管口探通水箱内；所述汇流槽、冷凝板和冷凝水槽接通，冷凝水槽与冷凝板连接。本实用新型新型使用卫生、功能多样。
9	家用太阳能热水系统电动旋转遮盖真空集热管控温装置	北京市太阳能研究所有限公司	CN200820108967.1	本实用新型涉及一种家用太阳能热水系统电动旋转遮盖真空集热管控温装置，该装置通过电机和由齿轮组组构和传动机构，驱动罩全集热管上的遮阳曲面板转动，以达到控制集热管采集温度的目的。本实用新型新型构思科学，设计合理，能够切实解决实际问题，没有任何水源损失，节省人力，水温掌控灵活，调节及时有效，是完善家用太阳能热水系统技术的又一重要科技成果。
10	太阳能联合热泵供热水节能装置	昆明金利马热力设备有限公司	CN200720104691.5	本实用新型提供一种太阳能联合热泵供热水装置，包括太阳能集热器相、储能水箱，与太阳能集热器相连的循环管，由压缩机和工质管路构成的热泵，其特征在于太阳能循环的热水出水口通过管道及其上的控制阀门与储能水箱进水口相连，出水口通过管道及其上的控制阀另一进，出水口通过管道控制阀门通及其上的控制电磁阀，储能热水出水口通过温度控制打开电磁阀，将满足温度要求的热水储存到储能水箱，并通过温度控制达到充分利用太阳能的目的，在无光照或者光照强度较弱致使温度达不到设定值时，通过温度控制提高太阳能集热效率，以提高太阳能集热效率，达到控制储能水箱而带来的能源浪费等不足，克服了太阳能与热泵双重加热而带来的能耗高，有效节约运行费用。

序号	专利名称	申请人	申请号	摘要
11	自动跟踪式太阳能光伏阵列塔架	保定天威集团有限公司	CN200820076650.4	一种自动跟踪式太阳能光伏阵列塔架,属太阳能技术领域,用于解决巡日跟踪精度问题。其技术方案是:它由自下而上依次设置的底座、水平旋转座、中心旋转座,水平旋转机构、仰俯机构和光伏组件支撑架组成,其中,电机经减速机驱动蜗杆、蜗杆、蜗轮啮合连接、蜗轮固装在中心旋转座上,中心旋转座由底座支撑。中心旋转座与底座之间下部设置轴承,上部设置辊子,中心旋转座上法兰固接。本实用新型具有巡日跟踪度精度高,便于实现塔架自锁,可现场组合联接;结构紧凑,布局合理以及安装占地少等特点,具有广泛的适应性。
12	光伏光热一体化太阳能热水器	合肥工业大学	CN200720033247.9	光伏光热一体化太阳能热水器,其特征是集成设置冷水供水、加热单元、太阳能光伏电池和控制单元;以水井为水源,分别设置冷水箱和加热保温水箱,在冷水箱输出有三路,一路通过可控电磁阀接入加热保温水箱;另一路加热冷水龙头中输出,再一路加热保温水箱作为保温水箱;同经过可调混水阀在热水龙头中输出,采用太阳能热水器,以太阳能热水箱中为备用。太阳能光伏单元由太阳能电池板和蓄电池构成;以电网电和光伏电互为备用。本实用新型将太阳能光伏发电与光热集于一体,使太阳能热水箱在没有市政自来水管网的地区,以及在没有外来供电的情况下,同样能够进行使用。
13	太阳热水器真空管定位弹性装置	皇明太阳能集团有限公司	CN200820227563.4	本实用新型公开了一种太阳热水器真空管定位弹性装置。它通过弹性装置,确保真空管能够安装到位的同时,还可以方便的拆装。其结构为:它包括一个护托固定架,真空管护托通过护托定位卡簧弹簧活动的安装在护托固定架上。
14	光伏驱动户用分体式平板型太阳能热水器	北京英豪阳光太阳能工业有限公司	CN200910091016.7	光伏驱动户用分体式平板型太阳能热水器属于太阳能利用装置领域,解决全系统承压及强制循环问题;采用平板型集热器(1),其储水箱(10)之间,通过以光伏电源(12)驱动的光伏泵(11)直接构成强制水循环系统,光伏电源(12)、光伏泵(11)及平板型集热器(1)分别成三位一体装在机架上;有益之处,集热效果好,启动升温快,全系统承压运行平稳,可靠、使用寿命长,能最大化利用太阳能资源,热频失小,光热、光电转换同步进行,强制水循环自动智能控制,结构简单,经济实用,节约能源和资源,适用性强,尤其适用于都市中的多层、高层住宅性建筑;便于标准化设计、制造,易于与相应的建筑设计配套施工、安装。

序号	专利名称	申请人	申请号	摘要
15	一种侧装式太阳能热水器温度、水位传感器	宁波新旱晨绿色照明科技有限公司	CN201020638257.7	本实用新型公开了一种侧装式太阳能热水器温度、水位传感器，包括基座，基座盖和位于基座内部的电路板，所述电路板上端面引出出线，电路板下端面引出一根封装有测温电阻的管子和多根长度各不相同的探针，所述管子和探针下端延伸于基座外，所述基座内部为一密闭腔体，其特征在于：延伸于基座外的管子和探针朝向折弯直朝下进行温度和水位测量，这种侧装式的传感器从水箱侧面插入，管子和探针折弯部分便于弯九十度。使用时，将安装式的传感器安装，同时也延长传维护较为简单，而且可有效防止雨水渗入水箱结水垢，水箱内不容易结水垢，同时也延长传感器的使用寿命。
16	一种底装式太阳能热水器传感器	宁波新旱晨绿色照明科技有限公司	CN200910205281.3	一种底装式太阳能热水器传感器，包括有底座、电路板以及套管组件；其特征在于：底座和外层铜管之间通过金属连接器固定相连，金属连接器的一头开设有可与螺杆相配合的安装孔，金属连接器的另一头成型成阶形凸台；大径部和螺杆在交界面沿内向还形成环形凸台；与现有技术金属连接器沿长度方向开设有通孔，电路板穿过通孔而实现与电缆引线的电连接。与现有技术相比，本发明通过一金属连接器作为实现外层铜管和底座的连接部件，在安装时，无需采用螺钉或焊接就能够很方便的将底座、金属连接器和封装有电路板的外层铜管连接为一体，操作更为简单，连接更为方便。
17	用于使用太阳能发电的系统	通用电气公司	CN201010587427.8	本发明涉及用于使用太阳能发电的系统。具体而言，提出了一种发电系统（10），其包括：用于预热压缩排出空气的太阳能预热器（18），使用太阳能预热器（18）接收加热的压缩空气，使用加热的压缩空气炙烧燃料以产生热炙烧气体；其从太阳能预热器（36）接收排出气体，接收炙烧气体，使热炙烧气体膨胀以产生排出气体（46），其从第一涡轮（28），其从第一涡轮（28）接收排出气体，通过使用排出气体加热冷凝流体而产生蒸汽；太阳能蒸汽过热器（22），其从回收蒸汽发生器（58），以及第二涡轮（62）接收太阳能蒸汽；太阳能蒸汽过热器（46）接收加热的太阳能蒸汽，其使用蒸汽而驱动第二发电机（62）。

续表

序号	专利名称	申请人	申请号	摘要
18	用于太阳能发电装置的槽式集热器	空气光能源IP有限公司	CN200980119318.9	用于太阳能发电装置的槽式集热器（1），包括压力传感器（25），包含用于载热流体的吸热管（42），还包含同样安装在压力分层能器（25）中的辅助聚能器。因此，可以降低压力传感器（25）的高度，从而消除了对以构架结构形式强化压力传感器（25）的需求，否则，就需要这种强化。
19	一种太阳能热水电热转换装置	上海盛合新能源科技有限公司	CN201010253839.8	本发明公开了一种太阳能热水热电转换装置，包括储水箱、热交换器、透平机及分馏冷凝单元。其中，所述装置包括串联并联在一起的至少一个真空管集热器，所述真空管集热器的出水口连接储水箱的进水口，所述储水箱的进水口通过第一循环水泵连接真空管集热器的进水口，所述热交换器的进水口通过第二回路分别连接透平机及分馏冷凝单元，所述透平机通过变速箱与发电机相连接。本发明提供的太阳能热水热电转换装置，通过真空管集热器提高光热转化效率，降低系统成本。
20	太阳能热泵热水器	江苏天银电器有限公司	CN200620076298.5	一种太阳能热泵热水器，属于人类日常生活中的水加热装置技术领域。包括具有第一、第二、第三进水口和出水口的储水箱；置于储水箱中的水位传感器、水温传感器、蒸发器、节流元件和冷凝器构成的太阳能热泵系统；由循环水泵、太阳能电磁阀与水压开关、单向阀、压力罐、单向阀和进水电磁阀构成的太阳能循环系统；设在第一进水口上的进水电磁阀。本实用新型可以同时改善太阳能集热器的集热性能和热泵的供热性能，具有结构简单，安装操作方便，节能效果显著，全年适用性好的优点，既可以用于中央热水系统供热，又可直接用作家庭太阳能集热供热，全年适用性好的时候

附　　录

国务院关于印发
国家知识产权战略纲要的通知

国发〔2008〕18 号

各省、自治区、直辖市人民政府，国务院各部委、各直属机构：

　　现将《国家知识产权战略纲要》印发给你们，请认真贯彻实施。

国务院

二〇〇八年六月五日

国家知识产权战略纲要

　　为提升我国知识产权创造、运用、保护和管理能力，建设创新型国家，实现全面建设小康社会目标，制定本纲要。

一、序言

　　（1）改革开放以来，我国经济社会持续快速发展，科学技术和文化创作取得长足进步，创新能力不断提升，知识在经济社会发展中的作用越来越突出。我国正站在新的历史起点上，大力开发和利用知识资源，对于转变经济发展方式，缓解资源环境约束，提升国家核心竞争力，满足人民群众日益增长的物质文化生活需要，具有重大战略意义。

　　（2）知识产权制度是开发和利用知识资源的基本制度。知识产权制度通过合理确定人们对于知识及其他信息的权利，调整人们在创造、运用知识和信息过程中产生的利益关系，激励创新，推动经济发展和社会进步。当今世界，随着知识经济和经济全球化深入发展，知识产权日益成为国家发展的战略性资源和国际竞争力的核心要素，成为建设创新型国家的重要支撑和掌握发展主动权的关键。国际社会更加重视知识产权，更加重视鼓励创新。发达国家以创新为主要动力推动经济发展，充分利用知识产权制度维护其竞争优势；发展中国家积极采取适应国情的知识产权政策措施，促进自身发展。

（3）经过多年发展，我国知识产权法律法规体系逐步健全，执法水平不断提高；知识产权拥有量快速增长，效益日益显现；市场主体运用知识产权能力逐步提高；知识产权领域的国际交往日益增多，国际影响力逐渐增强。知识产权制度的建立和实施，规范了市场秩序，激励了发明创造和文化创作，促进了对外开放和知识资源的引进，对经济社会发展发挥了重要作用。但是，从总体上看，我国知识产权制度仍不完善，自主知识产权水平和拥有量尚不能满足经济社会发展需要，社会公众知识产权意识仍较薄弱，市场主体运用知识产权能力不强，侵犯知识产权现象还比较突出，知识产权滥用行为时有发生，知识产权服务支撑体系和人才队伍建设滞后，知识产权制度对经济社会发展的促进作用尚未得到充分发挥。

（4）实施国家知识产权战略，大力提升知识产权创造、运用、保护和管理能力，有利于增强我国自主创新能力，建设创新型国家；有利于完善社会主义市场经济体制，规范市场秩序和建立诚信社会；有利于增强我国企业市场竞争力和提高国家核心竞争力；有利于扩大对外开放，实现互利共赢。必须把知识产权战略作为国家重要战略，切实加强知识产权工作。

二、指导思想和战略目标

（一）指导思想

（5）实施国家知识产权战略，要坚持以邓小平理论和"三个代表"重要思想为指导，深入贯彻落实科学发展观，按照激励创造、有效运用、依法保护、科学管理的方针，着力完善知识产权制度，积极营造良好的知识产权法治环境、市场环境、文化环境，大幅度提升我国知识产权创造、运用、保护和管理能力，为建设创新型国家和全面建设小康社会提供强有力支撑。

（二）战略目标

（6）到2020年，把我国建设成为知识产权创造、运用、保护和管理水平较高的国家。知识产权法治环境进一步完善，市场主体创造、运用、保护和管理知识产权的能力显著增强，知识产权意识深入人心，自主知识产权的水平和拥有量能够有效支撑创新型国家建设，知识产权制度对经济发展、文化繁荣和社会建设的促进作用充分显现。

（7）近五年的目标是：

——自主知识产权水平大幅度提高，拥有量进一步增加。本国申请人发明专利年度授权量进入世界前列，对外专利申请大幅度增加。培育一批国际知名品牌。核心版权产业产值占国内生产总值的比重明显提高。拥有一批优良植物新品种和高水平集成电路布图设计。商业秘密、地理标志、遗传资源、传统知识和民间文艺等得到有效保护与合理利用。

——运用知识产权的效果明显增强，知识产权密集型商品比重显著提高。企业知识产权管理制度进一步健全，对知识产权领域的投入大幅度增加，运用知识产权参与市场竞争的能力明显提升。形成一批拥有知名品牌和核心知识产权，熟练运用知识产权制度的优势企业。

——知识产权保护状况明显改善。盗版、假冒等侵权行为显著减少，维权成本明显下降，滥用知识产权现象得到有效遏制。

——全社会特别是市场主体的知识产权意识普遍提高，知识产权文化氛围初步形成。

三、战略重点

（一）完善知识产权制度

（8）进一步完善知识产权法律法规。及时修订专利法、商标法、著作权法等知识产权专门法律及有关法规。适时做好遗传资源、传统知识、民间文艺和地理标志等方面的立法工作。加强知识产权立法的衔接配套，增强法律法规可操作性。完善反不正当竞争、对外贸易、科技、国防等方面法律法规中有关知识产权的规定。

（9）健全知识产权执法和管理体制。加强司法保护体系和行政执法体系建设，发挥司法保护知识产权的主导作用，提高执法效率和水平，强化公共服务。深化知识产权行政管理体制改革，形成权责一致、分工合理、决策科学、执行顺畅、监督有力的知识产权行政管理体制。

（10）强化知识产权在经济、文化和社会政策中的导向作用。加强产业政策、区域政策、科技政策、贸易政策与知识产权政策的衔接。制定适合相关产业发展的知识产权政策，促进产业结构的调整与优化；针对不同地区发展特点，完善知识产权扶持政策，培育地区特色经济，促进区域经济协调发展；建立重大科技项目的知识产权工作机制，以知识产权的获取和保护为重点开展全程跟踪服务；健全与对外贸易有关的知识产权政策，建立和完善对外贸易领域知识产权管理体制、预警应急机制、海外维权机制和争端解决机制。加强文化、教育、科研、卫生等政策与知识产权政策的协调衔接，保障公众在文化、教育、科研、卫生等活动中依法合理使用创新成果和信息的权利，促进创新成果合理分享；保障国家应对公共危机的能力。

（二）促进知识产权创造和运用

（11）运用财政、金融、投资、政府采购政策和产业、能源、环境保护政策，引导和支持市场主体创造和运用知识产权。强化科技创新活动中的知识产权政策导向作用，坚持技术创新以能够合法产业化为基本前提，以获得知识产权为追求目标，以形成技术标准为努力方向。完善国家资助开发的科研成果权利归属和利益分享机制。将知识产权指标纳入科技计划实施评价体系和国有企业绩效考核体系。逐步提高知识产权密集型商品出口比例，促进贸易增长方式的根本转变和贸易结构的优化升级。

（12）推动企业成为知识产权创造和运用的主体。促进自主创新成果的知识产权化、商品化、产业化，引导企业采取知识产权转让、许可、质押等方式实现知识产权的市场价值。充分发挥高等学校、科研院所在知识产权创造中的重要作用。选择若干重点技术领域，形成一批核心自主知识产权和技术标准。鼓励群众性发明创造和文化创新。促进优秀文化产品的创作。

（三）加强知识产权保护

（13）修订惩处侵犯知识产权行为的法律法规，加大司法惩处力度。提高权利人自我维权的意识和能力。降低维权成本，提高侵权代价，有效遏制侵权行为。

（四）防止知识产权滥用

（14）制定相关法律法规，合理界定知识产权的界限，防止知识产权滥用，维护公平竞争的市场秩序和公众合法权益。

（五）培育知识产权文化

（15）加强知识产权宣传，提高全社会知识产权意识。广泛开展知识产权普及型教育。在精神文明创建活动和国家普法教育中增加有关知识产权的内容。在全社会弘扬以创新为荣、剽窃为耻，以诚实守信为荣、假冒欺骗为耻的道德观念，形成尊重知识、崇尚创新、诚信守法的知识产权文化。

四、专项任务

（一）专利

（16）以国家战略需求为导向，在生物和医药、信息、新材料、先进制造、先进能源、海洋、资源环境、现代农业、现代交通、航空航天等技术领域超前部署，掌握一批核心技术的专利，支撑我国高技术产业与新兴产业发展。

（17）制定和完善与标准有关的政策，规范将专利纳入标准的行为。支持企业、行业组织积极参与国际标准的制定。

（18）完善职务发明制度，建立既有利于激发职务发明人创新积极性，又有利于促进专利技术实施的利益分配机制。

（19）按照授予专利权的条件，完善专利审查程序，提高审查质量。防止非正常专利申请。

（20）正确处理专利保护和公共利益的关系。在依法保护专利权的同时，完善强制许可制度，发挥例外制度作用，研究制定合理的相关政策，保证在发生公共危机时，公众能够及时、充分获得必需的产品和服务。

（二）商标

（21）切实保护商标权人和消费者的合法权益。加强执法能力建设，严厉打击假冒等侵权行为，维护公平竞争的市场秩序。

（22）支持企业实施商标战略，在经济活动中使用自主商标。引导企业丰富商标内涵，增加商标附加值，提高商标知名度，形成驰名商标。鼓励企业进行国际商标注册，维护商标权益，参与国际竞争。

（23）充分发挥商标在农业产业化中的作用。积极推动市场主体注册和使用商标，促进农产品质量提高，保证食品安全，提高农产品附加值，增强市场竞争力。

（24）加强商标管理。提高商标审查效率，缩短审查周期，保证审查质量。尊重市场规律，切实解决驰名商标、著名商标、知名商品、名牌产品、优秀品牌的认定等问题。

（三）版权

（25）扶持新闻出版、广播影视、文学艺术、文化娱乐、广告设计、工艺美术、计算机软件、信息网络等版权相关产业发展，支持具有鲜明民族特色、时代特点作品的创作，扶持难以参与市场竞争的优秀文化作品的创作。

（26）完善制度，促进版权市场化。进一步完善版权质押、作品登记和转让合同备案等制度，拓展版权利用方式，降低版权交易成本和风险。充分发挥版权集体管理组织、行业协会、代理机构等中介组织在版权市场化中的作用。

（27）依法处置盗版行为，加大盗版行为处罚力度。重点打击大规模制售、传播盗版产品的行为，遏制盗版现象。

（28）有效应对互联网等新技术发展对版权保护的挑战。妥善处理保护版权与保障信息传播的关系，既要依法保护版权，又要促进信息传播。

（四）商业秘密

（29）引导市场主体依法建立商业秘密管理制度。依法打击窃取他人商业秘密的行为。妥善处理保护商业秘密与自由择业、涉密者竞业限制与人才合理流动的关系，维护职工合法权益。

（五）植物新品种

（30）建立激励机制，扶持新品种培育，推动育种创新成果转化为植物新品种权。支持形成一批拥有植物新品种权的种苗单位。建立健全植物新品种保护的技术支撑体系，加快制订植物新品种测试指南，提高审查测试水平。

（31）合理调节资源提供者、育种者、生产者和经营者之间的利益关系，注重对农民合法权益的保护。提高种苗单位及农民的植物新品种权保护意识，使品种权人、品种生产经销单位和使用新品种的农民共同受益。

（六）特定领域知识产权

（32）完善地理标志保护制度。建立健全地理标志的技术标准体系、质量保证体系与检测体系。普查地理标志资源，扶持地理标志产品，促进具有地方特色的自然、人文资源优势转化为现实生产力。

（33）完善遗传资源保护、开发和利用制度，防止遗传资源流失和无序利用。协调遗传资源保护、开发和利用的利益关系，构建合理的遗传资源获取与利益分享机制。保障遗传资源提供者知情同意权。

（34）建立健全传统知识保护制度。扶持传统知识的整理和传承，促进传统知识发展。完善传统医药知识产权管理、保护和利用协调机制，加强对传统工艺的保护、开发和利用。

（35）加强民间文艺保护，促进民间文艺发展。深入发掘民间文艺作品，建立民间文艺保存人与后续创作人之间合理分享利益的机制，维护相关个人、群体的合法权益。

（36）加强集成电路布图设计专有权的有效利用，促进集成电路产业发展。

（七）国防知识产权

（37）建立国防知识产权的统一协调管理机制，着力解决权利归属与利益分配、有偿使用、激励机制以及紧急状态下技术有效实施等重大问题。

（38）加强国防知识产权管理。将知识产权管理纳入国防科研、生产、经营及装备采购、保障和项目管理各环节，增强对重大国防知识产权的掌控能力。发布关键技术指南，在武器装备关键技术和军民结合高新技术领域形成一批自主知识产权。建立国防知识产权安全预警机制，对军事技术合作和军品贸易中的国防知识产权进行特别审查。

（39）促进国防知识产权有效运用。完善国防知识产权保密解密制度，在确保国家安全和国防利益基础上，促进国防知识产权向民用领域转移。鼓励民用领域知识产权在国防领域运用。

五、战略措施

（一）提升知识产权创造能力

（40）建立以企业为主体、市场为导向、产学研相结合的自主知识产权创造体系。引导企业在研究开发立项及开展经营活动前进行知识产权信息检索。支持企业通过原始创新、集成创新和引进消化吸收再创新，形成自主知识产权，提高把创新成果转变为知识产权的能力。支持企业等市场主体在境外取得知识产权。引导企业改进竞争模式，加强技术创新，提高产品质量和服务质量，支持企业打造知名品牌。

（二）鼓励知识产权转化运用

（41）引导支持创新要素向企业集聚，促进高等学校、科研院所的创新成果向企业转移，推动企业知识产权的应用和产业化，缩短产业化周期。深入开展各类知识产权试点、示范工作，全面提升知识产权运用能力和应对知识产权竞争的能力。

（42）鼓励和支持市场主体健全技术资料与商业秘密管理制度，建立知识产权价值评估、统计和财务核算制度，制订知识产权信息检索和重大事项预警等制度，完善对外合作知识产权管理制度。

（43）鼓励市场主体依法应对涉及知识产权的侵权行为和法律诉讼，提高应对知识产权纠纷的能力。

（三）加快知识产权法制建设

（44）建立适应知识产权特点的立法机制，提高立法质量，加快立法进程。加强知识产权立法前瞻性研究，做好立法后评估工作。增强立法透明度，拓宽企业、行业协会和社会公众参与立法的渠道。加强知识产权法律修改和立法解释，及时有效回应知识产权新问题。研究制定知识产权基础性法律的必要性和可行性。

（四）提高知识产权执法水平

（45）完善知识产权审判体制，优化审判资源配置，简化救济程序。研究设置统一受理知识产权民事、行政和刑事案件的专门知识产权法庭。研究适当集中专利等技术性较强案件的审理管辖权问题，探索建立知识产权上诉法院。进一步健全知识产权审判机构，充实知识产权司法队伍，提高审判和执行能力。

（46）加强知识产权司法解释工作。针对知识产权案件专业性强等特点，建立和完善司法鉴定、专家证人、技术调查等诉讼制度，完善知识产权诉前临时措施制度。改革专利和商标确权、授权程序，研究专利无效审理和商标评审机构向准司法机构转变的问题。

（47）提高知识产权执法队伍素质，合理配置执法资源，提高执法效率。针对反复侵权、群体性侵权以及大规模假冒、盗版等行为，有计划、有重点地开展知识产权保护专项行动。加大行政执法机关向刑事司法机关移送知识产权刑事案件和刑事司法机关受理知识产权刑事案件的力度。

（48）加大海关执法力度，加强知识产权边境保护，维护良好的进出口秩序，提高我国出口商品的声誉。充分利用海关执法国际合作机制，打击跨境知识产权违法犯罪行为，发挥海关在国际知识产权保护事务中的影响力。

（五）加强知识产权行政管理

（49）制定并实施地区和行业知识产权战略。建立健全重大经济活动知识产权审议制度。扶持符合经济社会发展需要的自主知识产权创造与产业化项目。

（50）充实知识产权管理队伍，加强业务培训，提高人员素质。根据经济社会发展需要，县级以上人民政府可设立相应的知识产权管理机构。

（51）完善知识产权审查及登记制度，加强能力建设，优化程序，提高效率，降低行政成本，提高知识产权公共服务水平。

（52）构建国家基础知识产权信息公共服务平台。建设高质量的专利、商标、版权、集成电路布图设计、植物新品种、地理标志等知识产权基础信息库，加快开发适合我国检索方式与习惯的通用检索系统。健全植物新品种保护测试机构和保藏机构。建立国防知识产权信息平台。指导和鼓励各地区、各有关行业建设符合自身需要的知识产权信息库。促进知识产权系统集成、资源整合和信息共享。

（53）建立知识产权预警应急机制。发布重点领域的知识产权发展态势报告，对可能发生的涉及面广、影响大的知识产权纠纷、争端和突发事件，制订预案，妥善应对，控制和减轻损害。

（六）发展知识产权中介服务

（54）完善知识产权中介服务管理，加强行业自律，建立诚信信息管理、信用评价和失信惩戒等诚信管理制度。规范知识产权评估工作，提高评估公信度。

（55）建立知识产权中介服务执业培训制度，加强中介服务职业培训，规范执业资质管理。明确知识产权代理人等中介服务人员执业范围，研究建立相关律师代理制度。完善国防知识产权中介服务体系。大力提升中介组织涉外知识产权申请和纠纷处置服务能力及国际知识产权事务参与能力。

（56）充分发挥行业协会的作用，支持行业协会开展知识产权工作，促进知识产权信息交流，组织共同维权。加强政府对行业协会知识产权工作的监督指导。

（57）充分发挥技术市场的作用，构建信息充分、交易活跃、秩序良好的知识产权交易体系。简化交易程序，降低交易成本，提供优质服务。

（58）培育和发展市场化知识产权信息服务，满足不同层次知识产权信息需求。鼓励社会资金投资知识产权信息化建设，鼓励企业参与增值性知识产权信息开发利用。

（七）加强知识产权人才队伍建设

（59）建立部门协调机制，统筹规划知识产权人才队伍建设。加快建设国家和省级知识产权人才库和专业人才信息网络平台。

（60）建设若干国家知识产权人才培养基地。加快建设高水平的知识产权师资队伍。设立知识产权二级学科，支持有条件的高等学校设立知识产权硕士、博士学位授予点。大规模培养各级各类知识产权专业人才，重点培养企业急需的知识产权管理和中介服务人才。

（61）制定培训规划，广泛开展对党政领导干部、公务员、企事业单位管理人员、专业技术人员、文学艺术创作人员、教师等的知识产权培训。

（62）完善吸引、使用和管理知识产权专业人才相关制度，优化人才结构，促进人才合理流动。结合公务员法的实施，完善知识产权管理部门公务员管理制度。按照国家职称制度改革总体要求，建立和完善知识产权人才的专业技术评价体系。

（八）推进知识产权文化建设

（63）建立政府主导、新闻媒体支撑、社会公众广泛参与的知识产权宣传工作体系。完善协调机制，制定相关政策和工作计划，推动知识产权的宣传普及和知识产权文化建设。

（64）在高等学校开设知识产权相关课程，将知识产权教育纳入高校学生素质教育体系。制定并实施全国中小学知识产权普及教育计划，将知识产权内容纳入中小学教育课程体系。

（九）扩大知识产权对外交流合作

（65）加强知识产权领域的对外交流合作。建立和完善知识产权对外信息沟通交流机制。加强国际和区域知识产权信息资源及基础设施建设与利用的交流合作。鼓励开展知识产权人才培养的对外合作。引导公派留学生、鼓励自费留学生选修知识产权专业。支持引进或聘用海外知识产权高层次人才。积极参与国际知识产权秩序的构建，有效参与国际组织有关议程。

国务院办公厅关于转发知识产权局等单位深入实施国家知识产权战略行动计划（2014—2020年）的通知

国办发〔2014〕64号

各省、自治区、直辖市人民政府，国务院各部委、各直属机构：

知识产权局、中央宣传部、外交部、发展改革委、教育部、科技部、工业和信息化部、公安部、司法部、财政部、人力资源社会保障部、环境保护部、农业部、商务部、文化部、卫生计生委、国资委、海关总署、工商总局、质检总局、新闻出版广电总局、林业局、法制办、中科院、国防科工局、高法院、高检院、总装备部《深入实施国家知识产权战略行动计划（2014—2020年）》已经国务院同意，现转发给你们，请认真贯彻执行。

国务院办公厅

2014年12月10日

（此件公开发布）

深入实施国家知识产权战略行动计划（2014—2020年）

知识产权局　中央宣传部　外交部　发展改革委　教育部　科技部
工业和信息化部　公安部　司法部　财政部　人力资源社会保障部
环境保护部　农业部　商务部　文化部　卫生计生委　国资委
海关总署　工商总局　质检总局　新闻出版广电总局　林业局
法制办　中科院　国防科工局　高法院　高检院　总装备部

《国家知识产权战略纲要》颁布实施以来，各地区、各有关部门认真贯彻党中央、国务院决策部署，推动知识产权战略实施工作取得新的进展和成效，基本实现了《国家知识产权战略纲要》确定的第一阶段五年目标，对促进经济社会发展发挥了重要支撑作用。随着知识经济和经济全球化深入发展，知识产权日益成为国家发展的战略性资源和国际竞争力的核心要素。深入实施知识产权战略是全面深化改革的重要支撑和保障，是推动经济结构优化升级的重要举措。为进一步贯彻落实《国家知识产权战略纲要》，全面提升知识产权综合能力，实现创新驱动发展，推动经济提质增效升级，特制定本行动计划。

一、总体要求

（一）指导思想

以邓小平理论、"三个代表"重要思想、科学发展观为指导，全面贯彻党的十八大和十八届二中、三中、四中全会精神，全面落实党中央、国务院各项决策部署，实施创新驱动发展战略，按照激励创造、有效运用、依法保护、科学管理的方针，坚持中国特色知识产权发展道路，着力加强知识产权运用和保护，积极营造良好的知识产权法治环境、市场环境、文化环境，认真谋划我国建设知识产权强国的发展路径，努力建设知识产权强国，为建设创新型国家和全面建成小康社会提供有力支撑。

（二）主要目标

到2020年，知识产权法治环境更加完善，创造、运用、保护和管理知识产权的能力显著增强，知识产权意识深入人心，知识产权制度对经济发展、文化繁荣和社会建设的促进作用充分显现。

——知识产权创造水平显著提高。知识产权拥有量进一步提高，结构明显优化，核心专利、知名品牌、版权精品和优良植物新品种大幅增加。形成一批拥有国外专利布局和全球知名品牌的知识产权优势企业。

——知识产权运用效果显著增强。市场主体运用知识产权参与市场竞争的能力明显提升，知识产权投融资额明显增加，知识产权市场价值充分显现。知识产权密集型产业增加值占国内生产总值的比重显著提高，知识产权服务业快速发展，服务能力基本满足市场需要，对产业结构优化升级的支撑作用明显提高。

——知识产权保护状况显著改善。知识产权保护体系更加完善，司法保护主导作用充分发挥，行政执法效能和市场监管水平明显提升。反复侵权、群体侵权、恶意侵权等行为受到有效制裁，知识产权犯罪分子受到有力震慑，知识产权权利人的合法权益得到有力保障，知识产权保护社会满意度进一步提高。

——知识产权管理能力显著增强。知识产权行政管理水平明显提高，审查能力达到国际先进水平，国家科技重大专项和科技计划实现知识产权全过程管理。重点院校和科研院所普遍建立知识产权管理制度。企业知识产权管理水平大幅提升。

——知识产权基础能力全面提升。构建国家知识产权基础信息公共服务平台。知识产权人才队伍规模充足、结构优化、布局合理、素质优良。全民知识产

权意识显著增强，尊重知识、崇尚创新、诚信守法的知识产权文化理念深入
人心。

2014～2020 年知识产权战略实施工作主要预期指标

指　标	2013 年	2015 年	2020 年
每万人口发明专利拥有量（件）	4	6	14
通过《专利合作条约》途径提交的专利申请量（万件）	2.2	3.0	7.5
国内发明专利平均维持年限（年）	5.8	6.4	9.0
作品著作权登记量（万件）	84.5	90	100
计算机软件著作权登记量（万件）	16.4	17.2	20
全国技术市场登记的技术合同交易总额（万亿元）	0.8	1.0	2.0
知识产权质押融资年度金额（亿元）	687.5	750	1800
专有权利使用费和特许费出口收入（亿美元）	13.6	20	80
知识产权服务业营业收入年均增长率（%）	18	20	20
知识产权保护社会满意度（分）	65	70	80
发明专利申请平均实质审查周期（月）	22.3	21.7	20.2
商标注册平均审查周期（月）	10	9	9

二、主要行动

（一）促进知识产权创造运用，支撑产业转型升级

——推动知识产权密集型产业发展。更加注重知识产权质量和效益，优化产
业布局，引导产业创新，促进产业提质增效升级。面向产业集聚区、行业和企
业，实施专利导航试点项目，开展专利布局，在关键技术领域形成一批专利组
合，构建支撑产业发展和提升企业竞争力的专利储备。加强专利协同运用，推动
专利联盟建设，建立具有产业特色的全国专利运营与产业化服务平台。建立运行
高效、支撑有力的专利导航产业发展工作机制。完善企业主导、多方参与的专利
协同运用体系，形成资源集聚、流转活跃的专利交易市场体系，促进专利运营业
态健康发展。发布战略性新兴产业专利发展态势报告。鼓励有条件的地区发展区
域特色知识产权密集型产业，构建优势互补的产业协调发展格局。建设一批知识
产权密集型产业集聚区，在产业集聚区推行知识产权集群管理，构筑产业竞争优
势。鼓励文化领域商业模式创新，加强文化品牌开发和建设，建立一批版权交易
平台，活跃文化创意产品传播，增强文化创意产业核心竞争力。

——服务现代农业发展。加强植物新品种、农业技术专利、地理标志和农产

品商标创造运用，促进农业向技术装备先进、综合效益明显的现代化方向发展。扶持新品种培育，推动育种创新成果转化为植物新品种权。以知识产权利益分享为纽带，加强种子企业与高校、科研院所的协作创新，建立品种权转让交易公共平台，提高农产品知识产权附加值。增加农业科技评价中知识产权指标权重。提高农业机械研发水平，加强农业机械专利布局，组建一批产业技术创新战略联盟。大力推进农业标准化，加快健全农业标准体系。建立地理标志联合认定机制。推广农户、基地、龙头企业、地理标志和农产品商标紧密结合的农产品经营模式。

——促进现代服务业发展。大力发展知识产权服务业，扩大服务规模、完善服务标准、提高服务质量，推动服务业向高端发展。培育知识产权服务市场，形成一批知识产权服务业集聚区。建立健全知识产权服务标准规范，加强对服务机构和从业人员的监管。发挥行业协会作用，加强知识产权服务行业自律。支持银行、证券、保险、信托等机构广泛参与知识产权金融服务，鼓励商业银行开发知识产权融资服务产品。完善知识产权投融资服务平台，引导企业拓展知识产权质押融资范围。引导和鼓励地方人民政府建立小微企业信贷风险补偿基金，对知识产权质押贷款提供重点支持。通过国家科技成果转化引导基金对科技成果转化贷款给予风险补偿。增加知识产权保险品种，扩大知识产权保险试点范围，加快培育并规范知识产权保险市场。

（二）加强知识产权保护，营造良好市场环境

——加强知识产权行政执法信息公开。贯彻落实《国务院批转全国打击侵犯知识产权和制售假冒伪劣商品工作领导小组〈关于依法公开制售假冒伪劣商品和侵犯知识产权行政处罚案件信息的意见（试行）〉的通知》（国发〔2014〕6号），扎实推进侵犯知识产权行政处罚案件信息公开，震慑违法者，同时促进执法者规范公正文明执法。将案件信息公开情况纳入打击侵权假冒工作统计通报范围并加强考核。探索建立与知识产权保护有关的信用标准，将恶意侵权行为纳入社会信用评价体系，向征信机构公开相关信息，提高知识产权保护社会信用水平。

——加强重点领域知识产权行政执法。积极开展执法专项行动，重点查办跨区域、大规模和社会反响强烈的侵权案件，加大对民生、重大项目和优势产业等领域侵犯知识产权行为的打击力度。加强执法协作、侵权判定咨询与纠纷快速调解工作。加强大型商业场所、展会知识产权保护。督促电子商务平台企业落实相关责任，督促邮政、快递企业完善并执行收寄验视制度，探索加强跨境贸易电子商务服务的知识产权监管。加强对视听节目、文学、游戏网站和网络交易平台的版权监管，规范网络作品使用，严厉打击网络侵权盗版，优化网络监管技术手

段。开展国内自由贸易区知识产权保护状况调查，探索在货物生产、加工、转运中加强知识产权监管，创新并适时推广知识产权海关保护模式，依法加强国内自由贸易区知识产权执法。依法严厉打击进出口货物侵权行为。

——推进软件正版化工作。贯彻落实《国务院办公厅关于印发政府机关使用正版软件管理办法的通知》（国办发〔2013〕88号），巩固政府机关软件正版化工作成果，进一步推进国有企业软件正版化。完善软件正版化工作长效机制，推动软件资产管理、经费预算、审计监督、年度检查报告、考核和责任追究等制度落到实处，确保软件正版化工作常态化、规范化。

——加强知识产权刑事执法和司法保护。加大对侵犯知识产权犯罪案件的侦办力度，对重点案件挂牌督办。坚持打防结合，将专项打击逐步纳入常态化执法轨道。加强知识产权行政执法与刑事司法衔接，加大涉嫌犯罪案件移交工作力度。依法加强对侵犯知识产权刑事案件的审判工作，加大罚金刑适用力度，剥夺侵权人再犯罪能力和条件。加强知识产权民事和行政审判工作，营造良好的创新环境。按照关于设立知识产权法院的方案，为知识产权法院的组建与运行提供人、财、物等方面的保障和支持。

——推进知识产权纠纷社会预防与调解工作。探索以公证的方式保管知识产权证据及相关证明材料，加强对证明知识产权在先使用、侵权等行为的保全证据公证工作。开展知识产权纠纷诉讼与调解对接工作，依法规范知识产权纠纷调解工作，完善知识产权纠纷行业调解机制，培育一批社会调解组织，培养一批专业调解员。

（三）强化知识产权管理，提升管理效能

——强化科技创新知识产权管理。加强国家科技重大专项和科技计划知识产权管理，促进高校和科研院所知识产权转移转化。落实国家科技重大专项和科技计划项目管理部门、项目承担单位等知识产权管理职责，明确责任主体。将知识产权管理纳入国家科技重大专项和科技计划全过程管理，建立国家科技重大专项和科技计划完成后的知识产权目标评估制度。探索建立科技重大专项承担单位和各参与单位知识产权利益分享机制。开展中央级事业单位科技成果使用、处置和收益管理改革试点，促进知识产权转化运用。完善高校和科研院所知识产权管理规范，鼓励高校和科研院所建立知识产权转移转化机构。

——加强知识产权审查。完善审查制度、加强审查管理、优化审查方式，提高知识产权审查质量和效率。完善知识产权申请与审查制度，完善专利审查快速通道，建立商标审查绿色通道和软件著作权快速登记通道。在有关考核评价中突出专利质量导向，加大专利质量指标评价权重。加强专利审查质量管理，完善专利审查标准。加强专利申请质量监测，加大对低质量专利申请的查处力度。优化

太阳能应用技术专利分析及对策研究

专利审查方式，稳步推进专利审查协作中心建设，提升专利审查能力。优化商标审查体系，建立健全便捷高效的商标审查协作机制，完善商标审查标准，提高商标审查质量和效率。提高植物新品种测试能力，完善植物新品种权审查制度。

——实施重大经济活动知识产权评议。针对重大产业规划、政府重大投资活动等开展知识产权评议。加强知识产权主管部门和产业主管部门间的沟通协作，制定发布重大经济活动知识产权评议指导手册，提高知识产权服务机构评议服务能力。推动建立重大经济活动知识产权评议制度，明确评议内容，规范评议程序。引导企业自主开展知识产权评议工作，规避知识产权风险。

——引导企业加强知识产权管理。引导企业提高知识产权规范化管理水平，加强知识产权资产管理，促进企业提升竞争力。建立知识产权管理标准认证制度，引导企业贯彻知识产权管理规范。建立健全知识产权价值分析标准和评估方法，完善会计准则及其相关资产管理制度，推动企业在并购、股权流转、对外投资等活动中加强知识产权资产管理。制定知识产权委托管理服务规范，引导和支持知识产权服务机构为中小微企业提供知识产权委托管理服务。

——加强国防知识产权管理。强化国防知识产权战略实施组织管理，加快国防知识产权政策法规体系建设，推动知识产权管理融入国防科研生产和装备采购各环节。规范国防知识产权权利归属与利益分配，促进形成军民结合高新技术领域自主知识产权。完善国防知识产权解密制度，引导优势民用知识产权进入军品科研生产领域，促进知识产权军民双向转化实施。

（四）拓展知识产权国际合作，推动国际竞争力提升

——加强涉外知识产权工作。公平公正保护知识产权，对国内外企业和个人的知识产权一视同仁、同等保护。加强与国际组织合作，巩固和发展与主要国家和地区的多双边知识产权交流。提高专利审查国际业务承接能力，建设专利审查高速路，加强专利审查国际合作，提升我国专利审查业务国际影响力。加强驻外使领馆知识产权工作力度，跟踪研究有关国家的知识产权法规政策，加强知识产权涉外信息交流，做好涉外知识产权应对工作。建立完善多双边执法合作机制，推进国际海关间知识产权执法合作。

——完善与对外贸易有关的知识产权规则。追踪各类贸易区知识产权谈判进程，推动形成有利于公平贸易的知识产权规则。落实对外贸易法中知识产权保护相关规定，研究针对进口贸易建立知识产权境内保护制度，对进口产品侵犯中国知识产权的行为和进口贸易中其他不公平竞争行为开展调查。

——支持企业"走出去"。及时收集发布主要贸易目的地、对外投资目的地知识产权相关信息。加强知识产权培训，支持企业在国外布局知识产权。加强政府、企业和社会资本的协作，在信息技术等重点领域探索建立公益性和市场化运

作的专利运营公司。加大海外知识产权维权援助机制建设，鼓励企业建立知识产权海外维权联盟，帮助企业在当地及时获得知识产权保护。引导知识产权服务机构提高海外知识产权事务处理能力，为企业"走出去"提供专业服务。

三、基础工程

（一）知识产权信息服务工程。推动专利、商标、版权、植物新品种、地理标志、民间文艺、遗传资源及相关传统知识等各类知识产权基础信息公共服务平台互联互通，逐步实现基础信息共享。知识产权基础信息资源免费或低成本向社会开放，基本检索工具免费供社会公众使用，提高知识产权信息利用便利度。指导有关行业建设知识产权专业信息库，鼓励社会机构对知识产权信息进行深加工，提供专业化、市场化的知识产权信息服务，满足社会多层次需求。

（二）知识产权调查统计工程。开展知识产权统计监测，全面反映知识产权的发展状况。逐步建立知识产权产业统计制度，完善知识产权服务业统计制度，明确统计范围，统一指标口径，在新修订的国民经济核算体系中体现知识产权内容。

（三）知识产权人才队伍建设工程。建设若干国家知识产权人才培养基地，推动建设知识产权协同创新中心。开展以党政领导干部、公务员、企事业单位管理人员、专业技术人员、文学艺术创作人员、教师等为重点的知识产权培训。将知识产权内容纳入学校教育课程体系，建立若干知识产权宣传教育示范学校。将知识产权内容全面纳入国家普法教育和全民科学素养提升工作。依托海外高层次人才引进计划引进急需的知识产权高端人才。深入开展百千万知识产权人才工程，建立面向社会的知识产权人才库。完善知识产权专业技术人才评价制度。

四、保障措施

（一）加强组织实施。国家知识产权战略实施工作部际联席会议（以下简称联席会议）负责组织实施本行动计划，并加强对地方知识产权战略实施的指导和支持。知识产权局要发挥牵头作用，认真履行联席会议办公室职责，建立完善相互支持、密切协作、运转顺畅的工作机制，推进知识产权战略实施工作开展，并组织相关部门开展知识产权强国建设研究，提出知识产权强国建设的战略目标、思路和举措，积极推进知识产权强国建设。联席会议各成员单位要各负其责并尽快制定具体实施方案。地方各级政府要将知识产权战略实施工作纳入当地国民经济和社会发展总体规划，将本行动计划落实工作纳入重要议事日程和考核范围。

（二）加强督促检查。联席会议要加强对战略实施状况的监测评估，对各项任务落实情况组织开展监督检查，重要情况及时报告国务院。知识产权局要会同联席会议各成员单位及相关部门加强对地方知识产权战略实施工作的监督指导。

（三）加强财政支持。中央财政通过相关部门的部门预算渠道安排资金支持知识产权战略实施工作。引导支持国家产业发展的财政资金和基金向促进科技成果产权化、知识产权产业化方向倾斜。完善知识产权资助政策，适当降低中小微企业知识产权申请和维持费用，加大对中小微企业知识产权创造和运用的支持力度。

（四）完善法律法规。推动专利法、著作权法及配套法规修订工作，建立健全知识产权保护长效机制，加大对侵权行为的惩处力度。适时做好遗传资源、传统知识、民间文艺和地理标志等方面的立法工作。研究修订反不正当竞争法、知识产权海关保护条例、植物新品种保护条例等法律法规。研究制定防止知识产权滥用的规范性文件。

中共中央　国务院关于深化体制机制改革加快实施创新驱动发展战略的若干意见

（2015 年 3 月 13 日）

创新是推动一个国家和民族向前发展的重要力量，也是推动整个人类社会向前发展的重要力量。面对全球新一轮科技革命与产业变革的重大机遇和挑战，面对经济发展新常态下的趋势变化和特点，面对实现"两个一百年"奋斗目标的历史任务和要求，必须深化体制机制改革，加快实施创新驱动发展战略，现提出如下意见。

一、总体思路和主要目标

加快实施创新驱动发展战略，就是要使市场在资源配置中起决定性作用和更好发挥政府作用，破除一切制约创新的思想障碍和制度藩篱，激发全社会创新活力和创造潜能，提升劳动、信息、知识、技术、管理、资本的效率和效益，强化科技同经济对接、创新成果同产业对接、创新项目同现实生产力对接、研发人员创新劳动同其利益收入对接，增强科技进步对经济发展的贡献度，营造大众创业、万众创新的政策环境和制度环境。

——坚持需求导向。紧扣经济社会发展重大需求，着力打通科技成果向现实生产力转化的通道，着力破除科学家、科技人员、企业家、创业者创新的障碍，着力解决要素驱动、投资驱动向创新驱动转变的制约，让创新真正落实到创造新的增长点上，把创新成果变成实实在在的产业活动。

——坚持人才为先。要把人才作为创新的第一资源，更加注重培养、用好、吸引各类人才，促进人才合理流动、优化配置，创新人才培养模式；更加注重强化激励机制，给予科技人员更多的利益回报和精神鼓励；更加注重发挥企业家和技术技能人才队伍创新作用，充分激发全社会的创新活力。

——坚持遵循规律。根据科学技术活动特点，把握好科学研究的探索发现规律，为科学家潜心研究、发明创造、技术突破创造良好条件和宽松环境；把握好技术创新的市场规律，让市场成为优化配置创新资源的主要手段，让企业成为技术创新的主体力量，让知识产权制度成为激励创新的基本保障；大力营造勇于探索、鼓励创新、宽容失败的文化和社会氛围。

——坚持全面创新。把科技创新摆在国家发展全局的核心位置，统筹推进科技体制改革和经济社会领域改革，统筹推进科技、管理、品牌、组织、商业模式创新，统筹推进军民融合创新，统筹推进引进来与走出去合作创新，实现科技创新、制度创新、开放创新的有机统一和协同发展。

到 2020 年，基本形成适应创新驱动发展要求的制度环境和政策法律体系，为进入创新型国家行列提供有力保障。人才、资本、技术、知识自由流动，企业、科研院所、高等学校协同创新，创新活力竞相迸发，创新成果得到充分保护，创新价值得到更大体现，创新资源配置效率大幅提高，创新人才合理分享创新收益，使创新驱动发展战略真正落地，进而打造促进经济增长和就业创业的新引擎，构筑参与国际竞争合作的新优势，推动形成可持续发展的新格局，促进经济发展方式的转变。

二、营造激励创新的公平竞争环境

发挥市场竞争激励创新的根本性作用，营造公平、开放、透明的市场环境，强化竞争政策和产业政策对创新的引导，促进优胜劣汰，增强市场主体创新动力。

（一）实行严格的知识产权保护制度

完善知识产权保护相关法律，研究降低侵权行为追究刑事责任门槛，调整损害赔偿标准，探索实施惩罚性赔偿制度。完善权利人维权机制，合理划分权利人举证责任。

完善商业秘密保护法律制度，明确商业秘密和侵权行为界定，研究制定相应保护措施，探索建立诉前保护制度。研究商业模式等新形态创新成果的知识产权保护办法。

完善知识产权审判工作机制，推进知识产权民事、刑事、行政案件的"三审合一"，积极发挥知识产权法院的作用，探索跨地区知识产权案件异地审理机制，打破对侵权行为的地方保护。

健全知识产权侵权查处机制，强化行政执法与司法衔接，加强知识产权综合行政执法，健全知识产权维权援助体系，将侵权行为信息纳入社会信用记录。

（二）打破制约创新的行业垄断和市场分割

加快推进垄断性行业改革，放开自然垄断行业竞争性业务，建立鼓励创新的统一透明、有序规范的市场环境。

切实加强反垄断执法，及时发现和制止垄断协议和滥用市场支配地位等垄断行为，为中小企业创新发展拓宽空间。

打破地方保护，清理和废除妨碍全国统一市场的规定和做法，纠正地方政府不当补贴或利用行政权力限制、排除竞争的行为，探索实施公平竞争审查制度。

（三）改进新技术新产品新商业模式的准入管理

改革产业准入制度，制定和实施产业准入负面清单，对未纳入负面清单管理的行业、领域、业务等，各类市场主体皆可依法平等进入。

破除限制新技术新产品新商业模式发展的不合理准入障碍。对药品、医疗器械等创新产品建立便捷高效的监管模式，深化审评审批制度改革，多种渠道增加审评资源，优化流程，缩短周期，支持委托生产等新的组织模式发展。对新能源汽车、风电、光伏等领域实行有针对性的准入政策。

改进互联网、金融、环保、医疗卫生、文化、教育等领域的监管，支持和鼓励新业态、新商业模式发展。

（四）健全产业技术政策和管理制度

改革产业监管制度，将前置审批为主转变为依法加强事中事后监管为主，形成有利于转型升级、鼓励创新的产业政策导向。

强化产业技术政策的引导和监督作用，明确并逐步提高生产环节和市场准入的环境、节能、节地、节水、节材、质量和安全指标及相关标准，形成统一权威、公开透明的市场准入标准体系。健全技术标准体系，强化强制性标准的制定和实施。

加强产业技术政策、标准执行的过程监管。强化环保、质检、工商、安全监管等部门的行政执法联动机制。

（五）形成要素价格倒逼创新机制

运用主要由市场决定要素价格的机制，促使企业从依靠过度消耗资源能源、低性能低成本竞争，向依靠创新、实施差别化竞争转变。

加快推进资源税改革，逐步将资源税扩展到占用各种自然生态空间，推进环境保护费改税。完善市场化的工业用地价格形成机制。健全企业职工工资正常增长机制，实现劳动力成本变化与经济提质增效相适应。

三、建立技术创新市场导向机制

发挥市场对技术研发方向、路线选择和各类创新资源配置的导向作用，调整创新决策和组织模式，强化普惠性政策支持，促进企业真正成为技术创新决策、研发投入、科研组织和成果转化的主体。

（六）扩大企业在国家创新决策中的话语权

建立高层次、常态化的企业技术创新对话、咨询制度，发挥企业和企业家在国家创新决策中的重要作用。吸收更多企业参与研究制定国家技术创新规划、计划、政策和标准，相关专家咨询组中产业专家和企业家应占较大比例。

国家科技规划要聚焦战略需求，重点部署市场不能有效配置资源的关键领域研究，竞争类产业技术创新的研发方向、技术路线和要素配置模式由企业依据市场需求自主决策。

（七）完善企业为主体的产业技术创新机制

市场导向明确的科技项目由企业牵头、政府引导、联合高等学校和科研院所实施。鼓励构建以企业为主导、产学研合作的产业技术创新战略联盟。

更多运用财政后补助、间接投入等方式，支持企业自主决策、先行投入，开展重大产业关键共性技术、装备和标准的研发攻关。

开展龙头企业创新转型试点，探索政府支持企业技术创新、管理创新、商业模式创新的新机制。

完善中小企业创新服务体系，加快推进创业孵化、知识产权服务、第三方检验检测认证等机构的专业化、市场化改革，壮大技术交易市场。

优化国家实验室、重点实验室、工程实验室、工程（技术）研究中心布局，按功能定位分类整合，构建开放共享互动的创新网络，建立向企业特别是中小企业有效开放的机制。探索在战略性领域采取企业主导、院校协作、多元投资、军民融合、成果分享的新模式，整合形成若干产业创新中心。加大国家重大科研基础设施、大型科研仪器和专利基础信息资源等向社会开放力度。

（八）提高普惠性财税政策支持力度

坚持结构性减税方向，逐步将国家对企业技术创新的投入方式转变为以普惠性财税政策为主。

统筹研究企业所得税加计扣除政策，完善企业研发费用计核方法，调整目录管理方式，扩大研发费用加计扣除优惠政策适用范围。完善高新技术企业认定办法，重点鼓励中小企业加大研发力度。

（九）健全优先使用创新产品的采购政策

建立健全符合国际规则的支持采购创新产品和服务的政策体系，落实和完善政府采购促进中小企业创新发展的相关措施，加大创新产品和服务的采购力度。鼓励采用首购、订购等非招标采购方式，以及政府购买服务等方式予以支持，促进创新产品的研发和规模化应用。

研究完善使用首台（套）重大技术装备鼓励政策，健全研制、使用单位在产品创新、增值服务和示范应用等环节的激励和约束机制。

放宽民口企业和科研单位进入军品科研生产和维修采购范围。

四、强化金融创新的功能

发挥金融创新对技术创新的助推作用，培育壮大创业投资和资本市场，提高信贷支持创新的灵活性和便利性，形成各类金融工具协同支持创新发展的良好局面。

（十）壮大创业投资规模

研究制定天使投资相关法规。按照税制改革的方向与要求，对包括天使投资在内的投向种子期、初创期等创新活动的投资，统筹研究相关税收支持政策。

研究扩大促进创业投资企业发展的税收优惠政策，适当放宽创业投资企业投资高新技术企业的条件限制，并在试点基础上将享受投资抵扣政策的创业投资企业范围扩大到有限合伙制创业投资企业法人合伙人。

结合国有企业改革设立国有资本创业投资基金，完善国有创投机构激励约束机制。按照市场化原则研究设立国家新兴产业创业投资引导基金，带动社会资本支持战略性新兴产业和高技术产业早中期、初创期创新型企业发展。

完善外商投资创业投资企业规定，有效利用境外资本投向创新领域。研究保险资金投资创业投资基金的相关政策。

（十一）强化资本市场对技术创新的支持

加快创业板市场改革，健全适合创新型、成长型企业发展的制度安排，扩大服务实体经济覆盖面，强化全国中小企业股份转让系统融资、并购、交易等功能，规范发展服务小微企业的区域性股权市场。加强不同层次资本市场的有机联系。

发挥沪深交易所股权质押融资机制作用，支持符合条件的创新创业企业发行公司债券。支持符合条件的企业发行项目收益债，募集资金用于加大创新投入。

推动修订相关法律法规，探索开展知识产权证券化业务。开展股权众筹融资试点，积极探索和规范发展服务创新的互联网金融。

（十二）拓宽技术创新的间接融资渠道

完善商业银行相关法律。选择符合条件的银行业金融机构，探索试点为企业创新活动提供股权和债权相结合的融资服务方式，与创业投资、股权投资机构实现投贷联动。

政策性银行在有关部门及监管机构的指导下，加快业务范围内金融产品和服务方式创新，对符合条件的企业创新活动加大信贷支持力度。

稳步发展民营银行，建立与之相适应的监管制度，支持面向中小企业创新需求的金融产品创新。

建立知识产权质押融资市场化风险补偿机制，简化知识产权质押融资流程。加快发展科技保险，推进专利保险试点。

五、完善成果转化激励政策

强化尊重知识、尊重创新，充分体现智力劳动价值的分配导向，让科技人员在创新活动中得到合理回报，通过成果应用体现创新价值，通过成果转化创造财富。

（十三）加快下放科技成果使用、处置和收益权

不断总结试点经验，结合事业单位分类改革要求，尽快将财政资金支持形成的，不涉及国防、国家安全、国家利益、重大社会公共利益的科技成果的使用权、处置权和收益权，全部下放给符合条件的项目承担单位。单位主管部门和财政部门对科技成果在境内的使用、处置不再审批或备案，科技成果转移转化所得收入全部留归单位，纳入单位预算，实行统一管理，处置收入不上缴国库。

（十四）提高科研人员成果转化收益比例

完善职务发明制度，推动修订专利法、公司法等相关内容，完善科技成果、知识产权归属和利益分享机制，提高骨干团队、主要发明人受益比例。完善奖励报酬制度，健全职务发明的争议仲裁和法律救济制度。

修订相关法律和政策规定，在利用财政资金设立的高等学校和科研院所中，将职务发明成果转让收益在重要贡献人员、所属单位之间合理分配，对用于奖励科研负责人、骨干技术人员等重要贡献人员和团队的收益比例，可以从现行不低于20%提高到不低于50%。

国有企业事业单位对职务发明完成人、科技成果转化重要贡献人员和团队的奖励，计入当年单位工资总额，不作为工资总额基数。

（十五）加大科研人员股权激励力度

鼓励各类企业通过股权、期权、分红等激励方式，调动科研人员创新积极性。

对高等学校和科研院所等事业单位以科技成果作价入股的企业，放宽股权奖励、股权出售对企业设立年限和盈利水平的限制。

建立促进国有企业创新的激励制度，对在创新中作出重要贡献的技术人员实

施股权和分红权激励。

积极总结试点经验，抓紧确定科技型中小企业的条件和标准。高新技术企业和科技型中小企业科研人员通过科技成果转化取得股权奖励收入时，原则上在5年内分期缴纳个人所得税。结合个人所得税制改革，研究进一步激励科研人员创新的政策。

六、构建更加高效的科研体系

发挥科学技术研究对创新驱动的引领和支撑作用，遵循规律、强化激励、合理分工、分类改革，增强高等学校、科研院所原始创新能力和转制科研院所的共性技术研发能力。

（十六）优化对基础研究的支持方式

切实加大对基础研究的财政投入，完善稳定支持和竞争性支持相协调的机制，加大稳定支持力度，支持研究机构自主布局科研项目，扩大高等学校、科研院所学术自主权和个人科研选题选择权。

改革基础研究领域科研计划管理方式，尊重科学规律，建立包容和支持"非共识"创新项目的制度。

改革高等学校和科研院所聘用制度，优化工资结构，保证科研人员合理工资待遇水平。完善内部分配机制，重点向关键岗位、业务骨干和作出突出成绩的人员倾斜。

（十七）加大对科研工作的绩效激励力度

完善事业单位绩效工资制度，健全鼓励创新创造的分配激励机制。完善科研项目间接费用管理制度，强化绩效激励，合理补偿项目承担单位间接成本和绩效支出。项目承担单位应结合一线科研人员实际贡献，公开公正安排绩效支出，充分体现科研人员的创新价值。

（十八）改革高等学校和科研院所科研评价制度

强化对高等学校和科研院所研究活动的分类考核。对基础和前沿技术研究实行同行评价，突出中长期目标导向，评价重点从研究成果数量转向研究质量、原创价值和实际贡献。

对公益性研究强化国家目标和社会责任评价，定期对公益性研究机构组织第三方评价，将评价结果作为财政支持的重要依据，引导建立公益性研究机构依托国家资源服务行业创新机制。

（十九）深化转制科研院所改革

坚持技术开发类科研机构企业化转制方向，对于承担较多行业共性科研任务的转制科研院所，可组建成产业技术研发集团，对行业共性技术研究和市场经营活动进行分类管理、分类考核。

推动以生产经营活动为主的转制科研院所深化市场化改革，通过引入社会资本或整体上市，积极发展混合所有制，推进产业技术联盟建设。

对于部分转制科研院所中基础研究能力较强的团队，在明确定位和标准的基础上，引导其回归公益，参与国家重点实验室建设，支持其继续承担国家任务。

（二十）建立高等学校和科研院所技术转移机制

逐步实现高等学校和科研院所与下属公司剥离，原则上高等学校、科研院所不再新办企业，强化科技成果以许可方式对外扩散。

加强高等学校和科研院所的知识产权管理，明确所属技术转移机构的功能定位，强化其知识产权申请、运营权责。

建立完善高等学校、科研院所的科技成果转移转化的统计和报告制度，财政资金支持形成的科技成果，除涉及国防、国家安全、国家利益、重大社会公共利益外，在合理期限内未能转化的，可由国家依法强制许可实施。

七、创新培养、用好和吸引人才机制

围绕建设一支规模宏大、富有创新精神、敢于承担风险的创新型人才队伍，按照创新规律培养和吸引人才，按照市场规律让人才自由流动，实现人尽其才、才尽其用、用有所成。

（二十一）构建创新型人才培养模式

开展启发式、探究式、研究式教学方法改革试点，弘扬科学精神，营造鼓励创新、宽容失败的创新文化。改革基础教育培养模式，尊重个性发展，强化兴趣爱好和创造性思维培养。

以人才培养为中心，着力提高本科教育质量，加快部分普通本科高等学校向应用技术型高等学校转型，开展校企联合招生、联合培养试点，拓展校企合作育人的途径与方式。

分类改革研究生培养模式，探索科教结合的学术学位研究生培养新模式，扩大专业学位研究生招生比例，增进教学与实践的融合。

鼓励高等学校以国际同类一流学科为参照，开展学科国际评估，扩大交流合作，稳步推进高等学校国际化进程。

（二十二）建立健全科研人才双向流动机制

改进科研人员薪酬和岗位管理制度，破除人才流动的体制机制障碍，促进科研人员在事业单位和企业间合理流动。

符合条件的科研院所的科研人员经所在单位批准，可带着科研项目和成果、保留基本待遇到企业开展创新工作或创办企业。

允许高等学校和科研院所设立一定比例流动岗位，吸引有创新实践经验的企业家和企业科技人才兼职。试点将企业任职经历作为高等学校新聘工程类教师的必要条件。

加快社会保障制度改革，完善科研人员在企业与事业单位之间流动时社保关系转移接续政策，促进人才双向自由流动。

（二十三）实行更具竞争力的人才吸引制度

制定外国人永久居留管理的意见，加快外国人永久居留管理立法，规范和放宽技术型人才取得外国人永久居留证的条件，探索建立技术移民制度。对持有外国人永久居留证的外籍高层次人才在创办科技型企业等创新活动方面，给予中国籍公民同等待遇。

加快制定外国人在中国工作管理条例，对符合条件的外国人才给予工作许可便利，对符合条件的外国人才及其随行家属给予签证和居留等便利。对满足一定条件的国外高层次科技创新人才取消来华工作许可的年龄限制。

围绕国家重大需求，面向全球引进首席科学家等高层次科技创新人才。建立访问学者制度。广泛吸引海外高层次人才回国（来华）从事创新研究。

稳步推进人力资源市场对外开放，逐步放宽外商投资人才中介服务机构的外资持股比例和最低注册资本金要求。鼓励有条件的国内人力资源服务机构走出去与国外人力资源服务机构开展合作，在境外设立分支机构，积极参与国际人才竞争与合作。

八、推动形成深度融合的开放创新局面

坚持引进来与走出去相结合，以更加主动的姿态融入全球创新网络，以更加开阔的胸怀吸纳全球创新资源，以更加积极的策略推动技术和标准输出，在更高层次上构建开放创新机制。

（二十四）鼓励创新要素跨境流动

对开展国际研发合作项目所需付汇，实行研发单位事先承诺，商务、科技、税务部门事后并联监管。

对科研人员因公出国进行分类管理，放宽因公临时出国批次限量管理政策。

改革检验管理，对研发所需设备、样本及样品进行分类管理，在保证安全前提下，采用重点审核、抽检、免检等方式，提高审核效率。

（二十五）优化境外创新投资管理制度

健全综合协调机制，协调解决重大问题，合力支持国内技术、产品、标准、品牌走出去，开拓国际市场。强化技术贸易措施评价和风险预警机制。

研究通过国有重点金融机构发起设立海外创新投资基金，外汇储备通过债

权、股权等方式参与设立基金工作，更多更好利用全球创新资源。

鼓励上市公司海外投资创新类项目，改革投资信息披露制度，在相关部门确认不影响国家安全和经济安全前提下，按照中外企业商务谈判进展，适时披露有关信息。

（二十六）扩大科技计划对外开放

制定国家科技计划对外开放的管理办法，按照对等开放、保障安全的原则，积极鼓励和引导外资研发机构参与承担国家科技计划项目。

在基础研究和重大全球性问题研究等领域，统筹考虑国家科研发展需求和战略目标，研究发起国际大科学计划和工程，吸引海外顶尖科学家和团队参与。积极参与大型国际科技合作计划。引导外资研发中心开展高附加值原创性研发活动，吸引国际知名科研机构来华联合组建国际科技中心。

九、加强创新政策统筹协调

更好发挥政府推进创新的作用。改革科技管理体制，加强创新政策评估督查与绩效评价，形成职责明晰、积极作为、协调有力、长效管用的创新治理体系。

（二十七）加强创新政策的统筹

加强科技、经济、社会等方面的政策、规划和改革举措的统筹协调和有效衔接，强化军民融合创新。发挥好科技界和智库对创新决策的支撑作用。

建立创新政策协调审查机制，组织开展创新政策清理，及时废止有违创新规律、阻碍新兴产业和新兴业态发展的政策条款，对新制定政策是否制约创新进行审查。

建立创新政策调查和评价制度，广泛听取企业和社会公众意见，定期对政策落实情况进行跟踪分析，并及时调整完善。

（二十八）完善创新驱动导向评价体系

改进和完善国内生产总值核算方法，体现创新的经济价值。研究建立科技创新、知识产权与产业发展相结合的创新驱动发展评价指标，并纳入国民经济和社会发展规划。

健全国有企业技术创新经营业绩考核制度，加大技术创新在国有企业经营业绩考核中的比重。对国有企业研发投入和产出进行分类考核，形成鼓励创新、宽容失败的考核机制。把创新驱动发展成效纳入对地方领导干部的考核范围。

（二十九）改革科技管理体制

转变政府科技管理职能，建立依托专业机构管理科研项目的机制，政府部门不再直接管理具体项目，主要负责科技发展战略、规划、政策、布局、评估和监管。

建立公开统一的国家科技管理平台，健全统筹协调的科技宏观决策机制，加强部门功能性分工，统筹衔接基础研究、应用开发、成果转化、产业发展等各环节工作。

进一步明晰中央和地方科技管理事权和职能定位，建立责权统一的协同联动机制，提高行政效能。

（三十）推进全面创新改革试验

遵循创新区域高度集聚的规律，在有条件的省（自治区、直辖市）系统推进全面创新改革试验，授权开展知识产权、科研院所、高等教育、人才流动、国际合作、金融创新、激励机制、市场准入等改革试验，努力在重要领域和关键环节取得新突破，及时总结推广经验，发挥示范和带动作用，促进创新驱动发展战略的深入实施。

各级党委和政府要高度重视，加强领导，把深化体制机制改革、加快实施创新驱动发展战略，作为落实党的十八大和十八届二中、三中、四中全会精神的重大任务，认真抓好落实。有关方面要密切配合，分解改革任务，明确时间表和路线图，确定责任部门和责任人。要加强对创新文化的宣传和舆论引导，宣传改革经验、回应社会关切、引导社会舆论，为创新营造良好的社会环境。

国务院关于新形势下加快知识产权强国建设的若干意见

国发〔2015〕71号

各省、自治区、直辖市人民政府，国务院各部委、各直属机构：

国家知识产权战略实施以来，我国知识产权创造运用水平大幅提高，保护状况明显改善，全社会知识产权意识普遍增强，知识产权工作取得长足进步，对经济社会发展发挥了重要作用。同时，仍面临知识产权大而不强、多而不优、保护不够严格、侵权易发多发、影响创新创业热情等问题，亟待研究解决。当前，全球新一轮科技革命和产业变革蓄势待发，我国经济发展方式加快转变，创新引领发展的趋势更加明显，知识产权制度激励创新的基本保障作用更加突出。为深入实施创新驱动发展战略，深化知识产权领域改革，加快知识产权强国建设，现提出如下意见。

一、总体要求

（一）指导思想。全面贯彻党的十八大和十八届二中、三中、四中、五中全会精神，按照"四个全面"战略布局和党中央、国务院决策部署，深入实施国家知识产权战略，深化知识产权重点领域改革，有效促进知识产权创造运用，实行更加严格的知识产权保护，优化知识产权公共服务，促进新技术、新产业、新业态蓬勃发展，提升产业国际化发展水平，保障和激励大众创业、万众创新，为实施创新驱动发展战略提供有力支撑，为推动经济保持中高速增长、迈向中高端水平，实现"两个一百年"奋斗目标和中华民族伟大复兴的中国梦奠定更加坚实的基础。

（二）基本原则。坚持战略引领。按照创新驱动发展战略和"一带一路"等战略部署，推动提升知识产权创造、运用、保护、管理和服务能力，深化知识产权战略实施，提升知识产权质量，实现从大向强、从多向优的转变，实施新一轮高水平对外开放，促进经济持续健康发展。

坚持改革创新。加快完善中国特色知识产权制度，改革创新体制机制，破除制约知识产权事业发展的障碍，着力推进创新改革试验，强化分配制度的知识价值导向，充分发挥知识产权制度在激励创新、促进创新成果合理分享方面的关键作用，推动企业提质增效、产业转型升级。

坚持市场主导。发挥市场配置创新资源的决定性作用，强化企业创新主体地位和主导作用，促进创新要素合理流动和高效配置。加快简政放权、放管结合、优化服务，加强知识产权政策支持、公共服务和市场监管，着力构建公平公正、开放透明的知识产权法治环境和市场环境，促进大众创业、万众创新。

坚持统筹兼顾。统筹国际国内创新资源，形成若干知识产权领先发展区域，培育我国知识产权优势。加强全球开放创新协作，积极参与、推动知识产权国际规则制定和完善，构建公平合理国际经济秩序，为市场主体参与国际竞争创造有利条件，实现优进优出和互利共赢。

（三）主要目标。到2020年，在知识产权重要领域和关键环节改革上取得决定性成果，知识产权授权确权和执法保护体系进一步完善，基本形成权界清晰、分工合理、责权一致、运转高效、法治保障的知识产权体制机制，知识产权创造、运用、保护、管理和服务能力大幅提升，创新创业环境进一步优化，逐步形成产业参与国际竞争的知识产权新优势，基本实现知识产权治理体系和治理能力现代化，建成一批知识产权强省、强市，知识产权大国地位得到全方位巩固，为建成中国特色、世界水平的知识产权强国奠定坚实基础。

二、推进知识产权管理体制机制改革

（四）研究完善知识产权管理体制。完善国家知识产权战略实施工作部际联席会议制度，由国务院领导同志担任召集人。积极研究探索知识产权管理体制机制改革。授权地方开展知识产权改革试验。鼓励有条件的地方开展知识产权综合管理改革试点。

（五）改善知识产权服务业及社会组织管理。放宽知识产权服务业准入，促进服务业优质高效发展，加快建设知识产权服务业集聚区。扩大专利代理领域开放，放宽对专利代理机构股东或合伙人的条件限制。探索开展知识产权服务行业协会组织"一业多会"试点。完善执业信息披露制度，及时公开知识产权代理机构和从业人员信用评价等相关信息。规范著作权集体管理机构收费标准，完善收益分配制度，让著作权人获得更多许可收益。

（六）建立重大经济活动知识产权评议制度。研究制定知识产权评议政策。完善知识产权评议工作指南，规范评议范围和程序。围绕国家重大产业规划、高技术领域重大投资项目等开展知识产权评议，建立国家科技计划知识产权目标评估制度，积极探索重大科技活动知识产权评议试点，建立重点领域知识产权评议报告发布制度，提高创新效率，降低产业发展风险。

（七）建立以知识产权为重要内容的创新驱动发展评价制度。完善发展评价体系，将知识产权产品逐步纳入国民经济核算，将知识产权指标纳入国民经济和社会发展规划。发布年度知识产权发展状况报告。在对党政领导班子和领导干部进行综合考核评价时，注重鼓励发明创造、保护知识产权、加强转化运用、营造良好环境等方面的情况和成效。探索建立经营业绩、知识产权和创新并重的国有企业考评模式。按照国家有关规定设置知识产权奖励项目，加大各类国家奖励制度的知识产权评价权重。

三、实行严格的知识产权保护

（八）加大知识产权侵权行为惩治力度。推动知识产权保护法治化，发挥司法保护的主导作用，完善行政执法和司法保护两条途径优势互补、有机衔接的知识产权保护模式。提高知识产权侵权法定赔偿上限，针对情节严重的恶意侵权行为实施惩罚性赔偿并由侵权人承担实际发生的合理开支。进一步推进侵犯知识产权行政处罚案件信息公开。完善知识产权快速维权机制。加强海关知识产权执法保护。加大国际展会、电子商务等领域知识产权执法力度。开展与相关国际组织和境外执法部门的联合执法，加强知识产权司法保护对外合作，推动我国成为知识产权国际纠纷的重要解决地，构建更有国际竞争力的开放创新环境。

（九）加大知识产权犯罪打击力度。依法严厉打击侵犯知识产权犯罪行为，重点打击链条式、产业化知识产权犯罪网络。进一步加强知识产权行政执法与刑事司法衔接，加大涉嫌犯罪案件移交工作力度。完善涉外知识产权执法机制，加强刑事执法国际合作，加大涉外知识产权犯罪案件侦办力度。加强与有关国际组织和国家间打击知识产权犯罪行为的司法协助，加大案情通报和情报信息交换力度。

（十）建立健全知识产权保护预警防范机制。将故意侵犯知识产权行为情况纳入企业和个人信用记录。推动完善商业秘密保护法律法规，加强人才交流和技术合作中的商业秘密保护。开展知识产权保护社会满意度调查。建立收集假冒产品来源地相关信息的工作机制，发布年度中国海关知识产权保护状况报告。加强大型专业化市场知识产权管理和保护工作。发挥行业组织在知识产权保护中的积极作用。运用大数据、云计算、物联网等信息技术，加强在线创意、研发成果的知识产权保护，提升预警防范能力。加大对小微企业知识产权保护援助力度，构建公平竞争、公平监管的创新创业和营商环境。

（十一）加强新业态新领域创新成果的知识产权保护。完善植物新品种、生物遗传资源及其相关传统知识、数据库保护和国防知识产权等相关法律制度。适时做好地理标志立法工作。研究完善商业模式知识产权保护制度和实用艺术品外观设计专利保护制度。加强互联网、电子商务、大数据等领域的知识产权保护规则研究，推动完善相关法律法规。制定众创、众包、众扶、众筹的知识产权保护政策。

（十二）规制知识产权滥用行为。完善规制知识产权滥用行为的法律制度，制定相关反垄断执法指南。完善知识产权反垄断监管机制，依法查处滥用知识产权排除和限制竞争等垄断行为。完善标准必要专利的公平、合理、无歧视许可政策和停止侵权适用规则。

四、促进知识产权创造运用

（十三）完善知识产权审查和注册机制。建立计算机软件著作权快速登记通道。优化专利和商标的审查流程与方式，实现知识产权在线登记、电子申请和无纸化审批。完善知识产权审查协作机制，建立重点优势产业专利申请的集中审查制度，建立健全涉及产业安全的专利审查工作机制。合理扩大专利确权程序依职权审查范围，完善授权后专利文件修改制度。拓展"专利审查高速路"国际合作网络，加快建设世界一流专利审查机构。

（十四）完善职务发明制度。鼓励和引导企事业单位依法建立健全发明报告、权属划分、奖励报酬、纠纷解决等职务发明管理制度。探索完善创新成果收益分配制度，提高骨干团队、主要发明人收益比重，保障职务发明人的合法权益。按照相关政策规定，鼓励国有企业赋予下属科研院所知识产权处置和收益分配权。

（十五）推动专利许可制度改革。强化专利以许可方式对外扩散。研究建立专利当然许可制度，鼓励更多专利权人对社会公开许可专利。完善专利强制许可启动、审批和实施程序。鼓励高等院校、科研院所等事业单位通过无偿许可专利的方式，支持单位员工和大学生创新创业。

（十六）加强知识产权交易平台建设。构建知识产权运营服务体系，加快建设全国知识产权运营公共服务平台。创新知识产权投融资产品，探索知识产权证券化，完善知识产权信用担保机制，推动发展投贷联动、投保联动、投债联动等新模式。在全面创新改革试验区域引导天使投资、风险投资、私募基金加强对高技术领域的投资。细化会计准则规定，推动企业科学核算和管理知识产权资产。推动高等院校、科研院所建立健全知识产权转移转化机构。支持探索知识产权创造与运营的众筹、众包模式，促进"互联网＋知识产权"融合发展。

（十七）培育知识产权密集型产业。探索制定知识产权密集型产业目录和发展规划。运用股权投资基金等市场化方式，引导社会资金投入知识产权密集型产业。加大政府采购对知识产权密集型产品的支持力度。试点建设知识产权密集型产业集聚区和知识产权密集型产业产品示范基地，推行知识产权集群管理，推动先进制造业加快发展，产业迈向中高端水平。

（十八）提升知识产权附加值和国际影响力。实施专利质量提升工程，培育一批核心专利。加大轻工、纺织、服装等产业的外观设计专利保护力度。深化商标富农工作。加强对非物质文化遗产、民间文艺、传统知识的开发利用，推进文化创意、设计服务与相关产业融合发展。支持企业运用知识产权进行海外股权投资。积极参与国际标准制定，推动有知识产权的创新技术转化为标准。支持研究机构和社会组织制定品牌评价国际标准，建立品牌价值评价体系。支持企业建立品牌管理体系，鼓励企业收购海外知名品牌。保护和传承中华老字号，大力推动中医药、中华传统餐饮、工艺美术等企业"走出去"。

（十九）加强知识产权信息开放利用。推进专利数据信息资源开放共享，增强大数据运用能力。建立财政资助项目形成的知识产权信息披露制度。加快落实上市企业知识产权信息披露制度。规范知识产权信息采集程序和内容。完善知识产权许可的信息备案和公告制度。加快建设互联互通的知识产权信息公共服务平台，实现专利、商标、版权、集成电路布图设计、植物新品种、地理标志等基础信息免费或低成本开放。依法及时公开专利审查过程信息。增加知识产权信息服务网点，完善知识产权信息公共服务网络。

五、加强重点产业知识产权海外布局和风险防控

（二十）加强重点产业知识产权海外布局规划。加大创新成果标准化和专利化工作力度，推动形成标准研制与专利布局有效衔接机制。研究制定标准必要专利布局指南。编制发布相关国家和地区专利申请实务指引。围绕战略性新兴产业等重点领域，建立专利导航产业发展工作机制，实施产业规划类和企业运营类专利导航项目，绘制服务我国产业发展的相关国家和地区专利导航图，推动我国产业深度融入全球产业链、价值链和创新链。

（二十一）拓展海外知识产权布局渠道。推动企业、科研机构、高等院校等联合开展海外专利布局工作。鼓励企业建立专利收储基金。加强企业知识产权布局指导，在产业园区和重点企业探索设立知识产权布局设计中心。分类制定知识产权跨国许可与转让指南，编制发布知识产权许可合同范本。

（二十二）完善海外知识产权风险预警体系。建立健全知识产权管理与服务等标准体系。支持行业协会、专业机构跟踪发布重点产业知识产权信息和竞争动态。制定完善与知识产权相关的贸易调查应对与风险防控国别指南。完善海外知识产权信息服务平台，发布相关国家和地区知识产权制度环境等信息。建立完善企业海外知识产权问题及案件信息提交机制，加强对重大知识产权案件的跟踪研

究，及时发布风险提示。

（二十三）提升海外知识产权风险防控能力。研究完善技术进出口管理相关制度，优化简化技术进出口审批流程。完善财政资助科技计划项目形成的知识产权对外转让和独占许可管理制度。制定并推行知识产权尽职调查规范。支持法律服务机构为企业提供全方位、高品质知识产权法律服务。探索以公证方式保管知识产权证据、证明材料。推动企业建立知识产权分析评议机制，重点针对人才引进、国际参展、产品和技术进出口等活动开展知识产权风险评估，提高企业应对知识产权国际纠纷能力。

（二十四）加强海外知识产权维权援助。制定实施应对海外产业重大知识产权纠纷的政策。研究我驻国际组织、主要国家和地区外交机构中涉知识产权事务的人力配备。发布海外和涉外知识产权服务和维权援助机构名录，推动形成海外知识产权服务网络。

六、提升知识产权对外合作水平

（二十五）推动构建更加公平合理的国际知识产权规则。积极参与联合国框架下的发展议程，推动《TRIPS 协定与公共健康多哈宣言》落实和《视听表演北京条约》生效，参与《专利合作条约》、《保护广播组织条约》、《生物多样性公约》等规则修订的国际谈判，推进加入《工业品外观设计国际注册海牙协定》和《马拉喀什条约》进程，推动知识产权国际规则向普惠包容、平衡有效的方向发展。

（二十六）加强知识产权对外合作机制建设。加强与世界知识产权组织、世界贸易组织及相关国际组织的合作交流。深化同主要国家知识产权、经贸、海关等部门的合作，巩固与传统合作伙伴的友好关系。推动相关国际组织在我国设立知识产权仲裁和调解分中心。加强国内外知名地理标志产品的保护合作，促进地理标志产品国际化发展。积极推动区域全面经济伙伴关系和亚太经济合作组织框架下的知识产权合作，探索建立"一带一路"沿线国家和地区知识产权合作机制。

（二十七）加大对发展中国家知识产权援助力度。支持和援助发展中国家知识产权能力建设，鼓励向部分最不发达国家优惠许可其发展急需的专利技术。加强面向发展中国家的知识产权学历教育和短期培训。

（二十八）拓宽知识产权公共外交渠道。拓宽企业参与国际和区域性知识产权规则制修订途径。推动国内服务机构、产业联盟等加强与国外相关组织的合作交流。建立具有国际水平的知识产权智库，建立博鳌亚洲论坛知识产权研讨交流机制，积极开展具有国际影响力的知识产权研讨交流活动。

七、加强组织实施和政策保障

（二十九）加强组织领导。各地区、各有关部门要高度重视，加强组织领导，结合实际制定实施方案和配套政策，推动各项措施有效落实。国家知识产权战略实施工作部际联席会议办公室要在国务院领导下，加强统筹协调，研究提出知识产权"十三五"规划等具体政策措施，协调解决重大问题，加强对有关政策措施落实工作的指导、督促、检查。

（三十）加大财税和金融支持力度。运用财政资金引导和促进科技成果产权化、知识产权产业化。落实研究开发费用税前加计扣除政策，对符合条件的知识产权费用按规定实行加计扣除。制定专利收费减缴办法，合理降低专利申请和维持费用。积极推进知识产权海外侵权责任保险工作。深入开展知识产权质押融资风险补偿基金和重点产业知识产权运营基金试点。

（三十一）加强知识产权专业人才队伍建设。加强知识产权相关学科建设，完善产学研联合培养模式，在管理学和经济学中增设知识产权专业，加强知识产权专业学位教育。加大对各类创新人才的知识产权培训力度。鼓励我国知识产权人才获得海外相应资格证书。鼓励各地引进高端知识产权人才，并参照有关人才引进计划给予相关待遇。探索建立知识产权国际化人才储备库和利用知识产权发现人才的信息平台。进一步完善知识产权职业水平评价制度，稳定和壮大知识产权专业人才队伍。选拔培训一批知识产权创业导师，加强青年创业指导。

（三十二）加强宣传引导。各地区、各有关部门要加强知识产权文化建设，加大宣传力度，广泛开展知识产权普及型教育，加强知识产权公益宣传和咨询服务，提高全社会知识产权意识，使尊重知识、崇尚创新、诚信守法理念深入人心，为加快建设知识产权强国营造良好氛围。

国务院

2015 年 12 月 18 日

中共中央　国务院关于完善产权保护
制度依法保护产权的意见

（2016 年 11 月 4 日）

产权制度是社会主义市场经济的基石，保护产权是坚持社会主义基本经济制度的必然要求。有恒产者有恒心，经济主体财产权的有效保障和实现是经济社会持续健康发展的基础。改革开放以来，通过大力推进产权制度改革，我国基本形成了归属清晰、权责明确、保护严格、流转顺畅的现代产权制度和产权保护法律框架，全社会产权保护意识不断增强，保护力度不断加大。同时也要看到，我国产权保护仍然存在一些薄弱环节和问题：国有产权由于所有者和代理人关系不够清晰，存在内部人控制、关联交易等导致国有资产流失的问题；利用公权力侵害私有产权、违法查封扣押冻结民营企业财产等现象时有发生；知识产权保护不力，侵权易发多发。解决这些问题，必须加快完善产权保护制度，依法有效保护各种所有制经济组织和公民财产权，增强人民群众财产财富安全感，增强社会信心，形成良好预期，增强各类经济主体创业创新动力，维护社会公平正义，保持经济社会持续健康发展和国家长治久安。现就完善产权保护制度、依法保护产权提出以下意见。

一、总体要求

加强产权保护，根本之策是全面推进依法治国。要全面贯彻党的十八大和十八届三中、四中、五中、六中全会精神，深入学习贯彻习近平总书记系列重要讲话精神，按照党中央、国务院决策部署，紧紧围绕统筹推进"五位一体"总体布局和协调推进"四个全面"战略布局，牢固树立和贯彻落实新发展理念，着力推进供给侧结构性改革，进一步完善现代产权制度，推进产权保护法治化，在事关产权保护的立法、执法、司法、守法等各方面各环节体现法治理念。要坚持以下原则：

——坚持平等保护。健全以公平为核心原则的产权保护制度，毫不动摇巩固和发展公有制经济，毫不动摇鼓励、支持、引导非公有制经济发展，公有制经济财产权不可侵犯，非公有制经济财产权同样不可侵犯。

——坚持全面保护。保护产权不仅包括保护物权、债权、股权，也包括保护知识产权及其他各种无形财产权。

——坚持依法保护。不断完善社会主义市场经济法律制度，强化法律实施，确保有法可依、有法必依。

——坚持共同参与。做到政府诚信和公众参与相结合，建设法治政府、责任政府、诚信政府，增强公民产权保护观念和契约意识，强化社会监督。

——坚持标本兼治。着眼长远，着力当下，抓紧解决产权保护方面存在的突出问题，提高产权保护精准度，加快建立产权保护长效机制，激发各类经济主体的活力和创造力。

二、加强各种所有制经济产权保护

深化国有企业和国有资产监督管理体制改革，进一步明晰国有产权所有者和代理人关系，推动实现国有企业股权多元化和公司治理现代化，健全涉及财务、采购、营销、投资等方面的内部监督制度和内控机制，强化董事会规范运作和对经理层的监督，完善国有资产交易方式，严格规范国有资产登记、转让、清算、退出等程序和交易行为，以制度化保障促进国有产权保护，防止内部人任意支配国有资产，切实防止国有资产流失。建立健全归属清晰、权责明确、监管有效的自然资源资产产权制度，完善自然资源有偿使用制度，逐步实现各类市场主体按照市场规则和市场价格依法平等使用土地等自然资源。完善农村集体产权确权和保护制度，分类建立健全集体资产清产核资、登记、保管、使用、处置制度和财务管理监督制度，规范农村产权流转交易，切实防止集体经济组织内部少数人侵占、非法处置集体资产，防止外部资本侵吞、非法控制集体资产。坚持权利平等、机会平等、规则平等，废除对非公有制经济各种形式的不合理规定，消除各种隐性壁垒，保证各种所有制经济依法平等使用生产要素、公开公平公正参与市场竞争、同等受到法律保护、共同履行社会责任。

三、完善平等保护产权的法律制度

加快推进民法典编纂工作，完善物权、合同、知识产权相关法律制度，清理有违公平的法律法规条款，将平等保护作为规范财产关系的基本原则。健全以企业组织形式和出资人承担责任方式为主的市场主体法律制度，统筹研究清理、废止按照所有制不同类型制定的市场主体法律和行政法规，开展部门规章和规范性文件专项清理，平等保护各类市场主体。加大对非公有财产的刑法保护力度。

四、妥善处理历史形成的产权案件

坚持有错必纠，抓紧甄别纠正一批社会反映强烈的产权纠纷申诉案件，剖析一批侵害产权的案例。对涉及重大财产处置的产权纠纷申诉案件、民营企业和投资人违法申诉案件依法甄别，确属事实不清、证据不足、适用法律错误的错案冤案，要依法予以纠正并赔偿当事人的损失。完善办案质量终身负责制和错案责任倒查问责制，从源头上有效预防错案冤案的发生。严格遵循法不溯及既往、罪刑法定、在新旧法之间从旧兼从轻等原则，以发展眼光客观看待和依法妥善处理改革开放以来各类企业特别是民营企业经营过程中存在的不规范问题。

五、严格规范涉案财产处置的法律程序

进一步细化涉嫌违法的企业和人员财产处置规则，依法慎重决定是否采取相关强制措施。确需采取查封、扣押、冻结等措施的，要严格按照法定程序进行，除依法需责令关闭企业的情形外，在条件允许情况下可以为企业预留必要的流动资金和往来账户，最大限度降低对企业正常生产经营活动的不利影响。采取查封、扣押、冻结措施和处置涉案财物时，要依法严格区分个人财产和企业法人财产。对股东、企业经营管理者等自然人违法，在处置其个人财产时不任意牵连企业法人财产；对企业违法，在处置企业法人财产时不任意牵连股东、企业经营管理者个人合法财产。严格区分违法所得和合法财产，区分涉案人员个人财产和家庭成员财产，在处置违法所得时不牵连合法财产。完善涉案财物保管、鉴定、估价、拍卖、变卖制度，做到公开公正和规范高效，充分尊重和依法保护当事人及其近亲属、股东、债权人等相关方的合法权益。

六、审慎把握处理产权和经济纠纷的司法政策

充分考虑非公有制经济特点，严格区分经济纠纷与经济犯罪的界限、企业正当融资与非法集资的界限、民营企业参与国有企业兼并重组中涉及的经济纠纷与恶意侵占国有资产的界限，准确把握经济违法行为入刑标准，准确认定经济纠纷和经济犯罪的性质，防范刑事执法介入经济纠纷，防止选择性司法。对于法律界限不明、罪与非罪不清的，司法机关应严格遵循罪刑法定、疑罪从无、严禁有罪推定的原则，防止把经济纠纷当作犯罪处理。严禁党政干部干预司法活动、介入司法纠纷、插手具体案件处理。对民营企业在生产、经营、融资活动中的经济行为，除法律、行政法规明确禁止外，不以违法犯罪对待。对涉及犯罪的民营企业投资人，在当事人服刑期间依法保障其行使财产权利等民事权利。

七、完善政府守信践诺机制

大力推进法治政府和政务诚信建设，地方各级政府及有关部门要严格兑现向社会及行政相对人依法作出的政策承诺，认真履行在招商引资、政府与社会资本合作等活动中与投资主体依法签订的各类合同，不得以政府换届、领导人员更替等理由违约毁约，因违约毁约侵犯合法权益的，要承担法律和经济责任。因国家利益、公共利益或者其他法定事由需要改变政府承诺和合同约定的，要严格依照法定权限和程序进行，并对企业和投资人因此而受到的财产损失依法予以补偿。对因政府违约等导致企业和公民财产权受到损害等情形，进一步完善赔偿、投诉和救济机制，畅通投诉和救济渠道。将政务履约和守诺服务纳入政府绩效评价体系，建立政务失信记录，建立健全政府失信责任追究制度及责任倒查机制，加大对政务失信行为惩戒力度。

八、完善财产征收征用制度

完善土地、房屋等财产征收征用法律制度，合理界定征收征用适用的公共利

益范围，不将公共利益扩大化，细化规范征收征用法定权限和程序。遵循及时合理补偿原则，完善国家补偿制度，进一步明确补偿的范围、形式和标准，给予被征收征用者公平合理补偿。

九、加大知识产权保护力度

加大知识产权侵权行为惩治力度，提高知识产权侵权法定赔偿上限，探索建立对专利权、著作权等知识产权侵权惩罚性赔偿制度，对情节严重的恶意侵权行为实施惩罚性赔偿，并由侵权人承担权利人为制止侵权行为所支付的合理开支，提高知识产权侵权成本。建立收集假冒产品来源地信息工作机制，将故意侵犯知识产权行为情况纳入企业和个人信用记录，进一步推进侵犯知识产权行政处罚案件信息公开。完善知识产权审判工作机制，积极发挥知识产权法院作用，推进知识产权民事、刑事、行政案件审判"三审合一"，加强知识产权行政执法与刑事司法的衔接，加大知识产权司法保护力度。完善涉外知识产权执法机制，加强刑事执法国际合作，加大涉外知识产权犯罪案件侦办力度。严厉打击不正当竞争行为，加强品牌商誉保护。将知识产权保护和运用相结合，加强机制和平台建设，加快知识产权转移转化。

十、健全增加城乡居民财产性收入的各项制度

研究住宅建设用地等土地使用权到期后续期的法律安排，推动形成全社会对公民财产长久受保护的良好和稳定预期。在国有企业混合所有制改革中，依照相关规定支持有条件的混合所有制企业实行员工持股，坚持同股同权、同股同利，着力避免大股东凭借优势地位侵害中小股东权益的行为，建立员工利益和企业利益、国家利益激励相容机制。深化金融改革，推动金融创新，鼓励创造更多支持实体经济发展、使民众分享增值收益的金融产品，增加民众投资渠道。深化农村土地制度改革，坚持土地公有制性质不改变、耕地红线不突破、粮食生产能力不减弱、农民利益不受损的底线，从实际出发，因地制宜，落实承包地、宅基地、集体经营性建设用地的用益物权，赋予农民更多财产权利，增加农民财产收益。

十一、营造全社会重视和支持产权保护的良好环境

大力宣传党和国家平等保护各种所有制经济产权的方针政策和法律法规，使平等保护、全面保护、依法保护观念深入人心，营造公平、公正、透明、稳定的法治环境。在坚持以经济建设为中心、提倡勤劳致富、保护产权、弘扬企业家精神等方面加强舆论引导，总结宣传一批依法有效保护产权的好做法、好经验、好案例，推动形成保护产权的良好社会氛围。完善法律援助制度，健全司法救助体

系，确保人民群众在产权受到侵害时获得及时有效的法律帮助。有效发挥工商业联合会、行业协会商会在保护非公有制经济和民营企业产权、维护企业合法权益方面的作用，建立对涉及产权纠纷的中小企业维权援助机制。更好发挥调解、仲裁的积极作用，完善产权纠纷多元化解机制。

各地区各部门要充分认识完善产权保护制度、依法保护产权的重要性和紧迫性，统一思想，形成共识和合力，狠抓工作落实。各地区要建立党委牵头，人大、政府、司法机关共同参加的产权保护协调工作机制，加强对产权保护工作的组织领导和统筹协调。各有关部门和单位要按照本意见要求，抓紧制定具体实施方案，启动基础性、标志性、关键性工作，加强协调配合，确保各项举措落到实处、见到实效。

中共中央　国务院关于完善产权保护制度依法保护产权的意见

（2016 年 11 月 4 日）

产权制度是社会主义市场经济的基石，保护产权是坚持社会主义基本经济制度的必然要求。有恒产者有恒心，经济主体财产权的有效保障和实现是经济社会持续健康发展的基础。改革开放以来，通过大力推进产权制度改革，我国基本形成了归属清晰、权责明确、保护严格、流转顺畅的现代产权制度和产权保护法律框架，全社会产权保护意识不断增强，保护力度不断加大。同时也要看到，我国产权保护仍然存在一些薄弱环节和问题：国有产权由于所有者和代理人关系不够清晰，存在内部人控制、关联交易等导致国有资产流失的问题；利用公权力侵害私有产权、违法查封扣押冻结民营企业财产等现象时有发生；知识产权保护不力，侵权易发多发。解决这些问题，必须加快完善产权保护制度，依法有效保护各种所有制经济组织和公民财产权，增强人民群众财产财富安全感，增强社会信心，形成良好预期，增强各类经济主体创业创新动力，维护社会公平正义，保持经济社会持续健康发展和国家长治久安。现就完善产权保护制度、依法保护产权提出以下意见。

一、总体要求

加强产权保护，根本之策是全面推进依法治国。要全面贯彻党的十八大和十八届三中、四中、五中、六中全会精神，深入学习贯彻习近平总书记系列重要讲话精神，按照党中央、国务院决策部署，紧紧围绕统筹推进"五位一体"总体布局和协调推进"四个全面"战略布局，牢固树立和贯彻落实新发展理念，着力推进供给侧结构性改革，进一步完善现代产权制度，推进产权保护法治化，在事关产权保护的立法、执法、司法、守法等各方面各环节体现法治理念。要坚持以下原则：

——坚持平等保护。健全以公平为核心原则的产权保护制度，毫不动摇巩固和发展公有制经济，毫不动摇鼓励、支持、引导非公有制经济发展，公有制经济财产权不可侵犯，非公有制经济财产权同样不可侵犯。

——坚持全面保护。保护产权不仅包括保护物权、债权、股权，也包括保护知识产权及其他各种无形财产权。

——坚持依法保护。不断完善社会主义市场经济法律制度，强化法律实施，确保有法可依、有法必依。

——坚持共同参与。做到政府诚信和公众参与相结合，建设法治政府、责任政府、诚信政府，增强公民产权保护观念和契约意识，强化社会监督。

——坚持标本兼治。着眼长远，着力当下，抓紧解决产权保护方面存在的突出问题，提高产权保护精准度，加快建立产权保护长效机制，激发各类经济主体的活力和创造力。

二、加强各种所有制经济产权保护

深化国有企业和国有资产监督管理体制改革，进一步明晰国有产权所有者和代理人关系，推动实现国有企业股权多元化和公司治理现代化，健全涉及财务、采购、营销、投资等方面的内部监督制度和内控机制，强化董事会规范运作和对经理层的监督，完善国有资产交易方式，严格规范国有资产登记、转让、清算、退出等程序和交易行为，以制度化保障促进国有产权保护，防止内部人任意支配国有资产，切实防止国有资产流失。建立健全归属清晰、权责明确、监管有效的自然资源资产产权制度，完善自然资源有偿使用制度，逐步实现各类市场主体按照市场规则和市场价格依法平等使用土地等自然资源。完善农村集体产权确权和保护制度，分类建立健全集体资产清产核资、登记、保管、使用、处置制度和财务管理监督制度，规范农村产权流转交易，切实防止集体经济组织内部少数人侵占、非法处置集体资产，防止外部资本侵吞、非法控制集体资产。坚持权利平等、机会平等、规则平等，废除对非公有制经济各种形式的不合理规定，消除各种隐性壁垒，保证各种所有制经济依法平等使用生产要素、公开公平公正参与市场竞争、同等受到法律保护、共同履行社会责任。

三、完善平等保护产权的法律制度

加快推进民法典编纂工作，完善物权、合同、知识产权相关法律制度，清理有违公平的法律法规条款，将平等保护作为规范财产关系的基本原则。健全以企业组织形式和出资人承担责任方式为主的市场主体法律制度，统筹研究清理、废止按照所有制不同类型制定的市场主体法律和行政法规，开展部门规章和规范性文件专项清理，平等保护各类市场主体。加大对非公有财产的刑法保护力度。

四、妥善处理历史形成的产权案件

坚持有错必纠，抓紧甄别纠正一批社会反映强烈的产权纠纷申诉案件，剖析一批侵害产权的案例。对涉及重大财产处置的产权纠纷申诉案件、民营企业和投资人违法申诉案件依法甄别，确属事实不清、证据不足、适用法律错误的错案冤案，要依法予以纠正并赔偿当事人的损失。完善办案质量终身负责制和错案责任倒查问责制，从源头上有效预防错案冤案的发生。严格遵循法不溯及既往、罪刑法定、在新旧法之间从旧兼从轻等原则，以发展眼光客观看待和依法妥善处理改革开放以来各类企业特别是民营企业经营过程中存在的不规范问题。

五、严格规范涉案财产处置的法律程序

进一步细化涉嫌违法的企业和人员财产处置规则，依法慎重决定是否采取相关强制措施。确需采取查封、扣押、冻结等措施的，要严格按照法定程序进行，除依法需责令关闭企业的情形外，在条件允许情况下可以为企业预留必要的流动资金和往来账户，最大限度降低对企业正常生产经营活动的不利影响。采取查封、扣押、冻结措施和处置涉案财物时，要依法严格区分个人财产和企业法人财产。对股东、企业经营管理者等自然人违法，在处置其个人财产时不任意牵连企业法人财产；对企业违法，在处置企业法人财产时不任意牵连股东、企业经营管理者个人合法财产。严格区分违法所得和合法财产，区分涉案人员个人财产和家庭成员财产，在处置违法所得时不牵连合法财产。完善涉案财物保管、鉴定、估价、拍卖、变卖制度，做到公开公正和规范高效，充分尊重和依法保护当事人及其近亲属、股东、债权人等相关方的合法权益。

六、审慎把握处理产权和经济纠纷的司法政策

充分考虑非公有制经济特点，严格区分经济纠纷与经济犯罪的界限、企业正当融资与非法集资的界限、民营企业参与国有企业兼并重组中涉及的经济纠纷与恶意侵占国有资产的界限，准确把握经济违法行为入刑标准，准确认定经济纠纷和经济犯罪的性质，防范刑事执法介入经济纠纷，防止选择性司法。对于法律界限不明、罪与非罪不清的，司法机关应严格遵循罪刑法定、疑罪从无、严禁有罪推定的原则，防止把经济纠纷当作犯罪处理。严禁党政干部干预司法活动、介入

司法纠纷、插手具体案件处理。对民营企业在生产、经营、融资活动中的经济行为，除法律、行政法规明确禁止外，不以违法犯罪对待。对涉及犯罪的民营企业投资人，在当事人服刑期间依法保障其行使财产权利等民事权利。

七、完善政府守信践诺机制

大力推进法治政府和政务诚信建设，地方各级政府及有关部门要严格兑现向社会及行政相对人依法作出的政策承诺，认真履行在招商引资、政府与社会资本合作等活动中与投资主体依法签订的各类合同，不得以政府换届、领导人员更替等理由违约毁约，因违约毁约侵犯合法权益的，要承担法律和经济责任。因国家利益、公共利益或者其他法定事由需要改变政府承诺和合同约定的，要严格依照法定权限和程序进行，并对企业和投资人因此而受到的财产损失依法予以补偿。对因政府违约等导致企业和公民财产权受到损害等情形，进一步完善赔偿、投诉和救济机制，畅通投诉和救济渠道。将政务履约和守诺服务纳入政府绩效评价体系，建立政务失信记录，建立健全政府失信责任追究制度及责任倒查机制，加大对政务失信行为惩戒力度。

八、完善财产征收征用制度

完善土地、房屋等财产征收征用法律制度，合理界定征收征用适用的公共利益范围，不将公共利益扩大化，细化规范征收征用法定权限和程序。遵循及时合理补偿原则，完善国家补偿制度，进一步明确补偿的范围、形式和标准，给予被征收征用者公平合理补偿。

九、加大知识产权保护力度

加大知识产权侵权行为惩治力度，提高知识产权侵权法定赔偿上限，探索建立对专利权、著作权等知识产权侵权惩罚性赔偿制度，对情节严重的恶意侵权行为实施惩罚性赔偿，并由侵权人承担权利人为制止侵权行为所支付的合理开支，提高知识产权侵权成本。建立收集假冒产品来源地信息工作机制，将故意侵犯知识产权行为情况纳入企业和个人信用记录，进一步推进侵犯知识产权行政处罚案件信息公开。完善知识产权审判工作机制，积极发挥知识产权法院作用，推进知识产权民事、刑事、行政案件审判"三审合一"，加强知识产权行政执法与刑事司法的衔接，加大知识产权司法保护力度。完善涉外知识产权执法机制，加强刑事执法国际合作，加大涉外知识产权犯罪案件侦办力度。严厉打击不正当竞争行为，加强品牌商誉保护。将知识产权保护和运用相结合，加强机制和平台建设，加快知识产权转移转化。

十、健全增加城乡居民财产性收入的各项制度

研究住宅建设用地等土地使用权到期后续期的法律安排，推动形成全社会对公民财产长久受保护的良好和稳定预期。在国有企业混合所有制改革中，依照相关规定支持有条件的混合所有制企业实行员工持股，坚持同股同权、同股同利，着力避免大股东凭借优势地位侵害中小股东权益的行为，建立员工利益和企业利益、国家利益激励相容机制。深化金融改革，推动金融创新，鼓励创造更多支持实体经济发展、使民众分享增值收益的金融产品，增加民众投资渠道。深化农村土地制度改革，坚持土地公有制性质不改变、耕地红线不突破、粮食生产能力不减弱、农民利益不受损的底线，从实际出发，因地制宜，落实承包地、宅基地、集体经营性建设用地的用益物权，赋予农民更多财产权利，增加农民财产收益。

十一、营造全社会重视和支持产权保护的良好环境

大力宣传党和国家平等保护各种所有制经济产权的方针政策和法律法规，使平等保护、全面保护、依法保护观念深入人心，营造公平、公正、透明、稳定的法治环境。在坚持以经济建设为中心、提倡勤劳致富、保护产权、弘扬企业家精神等方面加强舆论引导，总结宣传一批依法有效保护产权的好做法、好经验、好案例，推动形成保护产权的良好社会氛围。完善法律援助制度，健全司法救助体系，确保人民群众在产权受到侵害时获得及时有效的法律帮助。有效发挥工商业联合会、行业协会商会在保护非公有制经济和民营企业产权、维护企业合法权益方面的作用，建立对涉及产权纠纷的中小企业维权援助机制。更好发挥调解、仲裁的积极作用，完善产权纠纷多元化解机制。

各地区各部门要充分认识完善产权保护制度、依法保护产权的重要性和紧迫性，统一思想，形成共识和合力，狠抓工作落实。各地区要建立党委牵头，人大、政府、司法机关共同参加的产权保护协调工作机制，加强对产权保护工作的组织领导和统筹协调。各有关部门和单位要按照本意见要求，抓紧制定具体实施方案，启动基础性、标志性、关键性工作，加强协调配合，确保各项举措落到实处、见到实效。

国务院关于印发"十三五"
国家知识产权保护和运用规划的通知

国发〔2016〕86号

各省、自治区、直辖市人民政府，国务院各部委、各直属机构：

现将《"十三五"国家知识产权保护和运用规划》印发给你们，请认真贯彻执行。

国务院

2016 年 12 月 30 日

（此件公开发布）

"十三五"国家知识产权保护和运用规划

为贯彻落实党中央、国务院关于知识产权工作的一系列重要部署，全面深入实施《国务院关于新形势下加快知识产权强国建设的若干意见》（国发〔2015〕71号），提升知识产权保护和运用水平，依据《中华人民共和国国民经济和社会发展第十三个五年规划纲要》，制定本规划。

一、规划背景

"十二五"时期，各地区、各相关部门深入实施国家知识产权战略，促进知识产权工作融入经济社会发展大局，为创新驱动发展提供了有力支撑，进一步巩固了我国的知识产权大国地位。发明专利申请量和商标注册量稳居世界首位。与"十一五"末相比，每万人口发明专利拥有量达到6.3件，增长了3倍；每万市场主体的平均有效商标拥有量达到1335件，增长了34.2%；通过《专利合作条约》途径提交的专利申请量（以下称PCT专利申请量）达到3万件，增长了2.4倍，跻身世界前三位；植物新品种申请量居世界第二位；全国作品登记数量和计算机软件著作权登记量分别增长95.9%和282.5%；地理标志、集成电路布图设计等注册登记数量大幅增加。知识产权制度进一步健全，知识产权创造、运用、保护、管理和服务的政策措施更加完善，专业人才队伍不断壮大。市场主体知识产权综合运用能力明显提高，国际合作水平显著提升，形成了一批具有国际竞争力的知识产权优势企业。知识产权质押融资额达到3289亿元，年均增长38%。

专利、商标许可备案分别达到 4 万件、14.7 万件，版权产业对国民经济增长的贡献率超过 7% 。知识产权司法保护体系不断完善，在北京、上海和广州相继设立知识产权法院，民事、刑事、行政案件的"三合一"审理机制改革试点基本完成，司法裁判标准更加细致完备，司法保护能力与水平不断提升。知识产权行政保护不断加强，全国共查处专利侵权假冒案件 8.7 万件，商标权、商业秘密和其他销售假冒伪劣商品等侵权假冒案件 32.2 万件，侵权盗版案件 3.5 万件。全社会知识产权意识得到普遍增强。

同时，我国知识产权数量与质量不协调、区域发展不平衡、保护还不够严格等问题依然突出。核心专利、知名品牌、精品版权较少，布局还不合理。与经济发展融合还不够紧密，转移转化效益还不够高，影响企业知识产权竞争能力提升。侵权易发多发，维权仍面临举证难、成本高、赔偿低等问题，影响创新创业热情。管理体制机制还不够完善，国际交流合作深度与广度还有待进一步拓展。

"十三五"时期是我国由知识产权大国向知识产权强国迈进的战略机遇期。国际知识产权竞争更加激烈。我国经济发展进入速度变化、结构优化、动力转换的新常态。知识产权作为科技成果向现实生产力转化的重要桥梁和纽带，激励创新的基本保障作用更加突出。各地区、各相关部门要准确把握新形势新特点，深化知识产权领域改革，破除制约知识产权发展的障碍，全面提高知识产权治理能力，推动知识产权事业取得突破性进展，为促进经济提质增效升级提供有力支撑。

二、指导思想、基本原则和发展目标

（一）指导思想

全面贯彻党的十八大和十八届三中、四中、五中、六中全会精神，以邓小平理论、"三个代表"重要思想、科学发展观为指导，深入贯彻习近平总书记系列重要讲话精神，紧紧围绕统筹推进"五位一体"总体布局和协调推进"四个全面"战略布局，牢固树立和贯彻落实创新、协调、绿色、开放、共享的发展理念，认真落实党中央、国务院决策部署，以供给侧结构性改革为主线，深入实施国家知识产权战略，深化知识产权领域改革，打通知识产权创造、运用、保护、管理和服务的全链条，严格知识产权保护，加强知识产权运用，提升知识产权质量和效益，扩大知识产权国际影响力，加快建设中国特色、世界水平的知识产权强国，为实现"两个一百年"奋斗目标和中华民族伟大复兴的中国梦提供更加有力的支撑。

（二）基本原则

坚持创新引领。推动知识产权领域理论、制度、文化创新，探索知识产权工作新理念和新模式，厚植知识产权发展新优势，保障创新者的合法权益，激发全社会创新创造热情，培育经济发展新动能。

坚持统筹协调。加强知识产权工作统筹，推进知识产权与产业、科技、环保、金融、贸易以及军民融合等政策的衔接。做好分类指导和区域布局，坚持总体提升与重点突破相结合，推动知识产权事业全面、协调、可持续发展。

坚持绿色发展。加强知识产权资源布局，优化知识产权法律环境、政策环境、社会环境和产业生态，推进传统制造业绿色改造，促进产业低碳循环发展，推动资源利用节约高效、生态环境持续改善。

坚持开放共享。统筹国内国际两个大局，加强内外联动，增加公共产品和公共服务有效供给，强化知识产权基础信息互联互通和传播利用，积极参与知识产权全球治理，推动国际知识产权制度向普惠包容、平衡有效的方向发展，持续提升国际影响力和竞争力。

（三）发展目标

到2020年，知识产权战略行动计划目标如期完成，知识产权重要领域和关键环节的改革取得决定性成果，保护和运用能力得到大幅提升，建成一批知识产权强省、强市，为促进大众创业、万众创新提供有力保障，为建设知识产权强国奠定坚实基础。

——知识产权保护环境显著改善。知识产权法治环境显著优化，法律法规进一步健全，权益分配更加合理，执法保护体系更加健全，市场监管水平明显提升，保护状况社会满意度大幅提高。知识产权市场支撑环境全面优化，服务业规模和水平较好地满足市场需求，形成"尊重知识、崇尚创新、诚信守法"的文化氛围。

——知识产权运用效益充分显现。知识产权的市场价值显著提高，产业化水平全面提升，知识产权密集型产业占国内生产总值（GDP）比重明显提高，成为经济增长新动能。知识产权交易运营更加活跃，技术、资金、人才等创新要素以知识产权为纽带实现合理流动，带动社会就业岗位显著增加，知识产权国际贸易更加活跃，海外市场利益得到有效维护，形成支撑创新发展的运行机制。

——知识产权综合能力大幅提升。知识产权拥有量进一步提高，核心专利、知名品牌、精品版权、优秀集成电路布图设计、优良植物新品种等优质资源大幅增加。行政管理能力明显提升，基本形成权界清晰、分工合理、责权一致、运转高效、法治保障的知识产权体制机制。专业人才队伍数量充足、素质优良、结构合理。构建知识产权运营公共服务平台体系，建成便民利民的知识产权信息公共服务平台。知识产权运营、金融等业态发育更加成熟，资本化、商品化和产业化的渠道进一步畅通，市场竞争能力大幅提升，形成更多具有国际影响力的知识产权优势企业。国际事务处理能力不断提高，国际影响力进一步提升。

"十三五"知识产权保护和运用主要指标

指　标	2015 年	2020 年	累计增加值	属性
每万人口发明专利拥有量（件）	6.3	12	5.7	预期性
PCT 专利申请量（万件）	3	6	3	预期性
植物新品种申请总量（万件）	1.7	2.5	0.8	预期性
全国作品登记数量（万件）	135	220	85	预期性
年度知识产权质押融资金额（亿元）	750	1800	1050	预期性
计算机软件著作权登记数量（万件）	29	44	15	预期性
规模以上制造业每亿元主营业务收入有效发明专利数（件）	0.56	0.7	0.14	预期性
知识产权使用费出口额（亿美元）	44.4	100	55.6	预期性
知识产权服务业营业收入年均增长（%）	20	20	——	预期性
知识产权保护社会满意度（分）	70	80	10	预期性

注：知识产权使用费出口额为五年累计值。

三、主要任务

贯彻落实党中央、国务院决策部署，深入实施知识产权战略，深化知识产权领域改革，完善知识产权强国政策体系，全面提升知识产权保护和运用水平，全方位多层次加快知识产权强国建设。

（一）深化知识产权领域改革。积极研究探索知识产权管理体制机制改革，努力在重点领域和关键环节取得突破性成果。支持地方开展知识产权综合管理改革试点。建立以知识产权为重要内容的创新驱动评价体系，推动知识产权产品纳入国民经济核算，将知识产权指标纳入国民经济和社会发展考核体系。推进简政放权，简化和优化知识产权审查和注册流程。放宽知识产权服务业准入，扩大代理领域开放程度，放宽对专利代理机构股东和合伙人的条件限制。加快知识产权权益分配改革，完善有利于激励创新的知识产权归属制度，构建提升创新效率和效益的知识产权导向机制。

（二）严格实行知识产权保护。加快知识产权法律、法规、司法解释的制修订，构建包括司法审判、刑事司法、行政执法、快速维权、仲裁调解、行业自律、社会监督的知识产权保护工作格局。充分发挥全国打击侵犯知识产权和制售假冒伪劣商品工作领导小组作用，调动各方积极性，形成工作合力。以充分实现知识产权的市场价值为指引，进一步加大损害赔偿力度。推进诉讼诚信建设，依法严厉打击侵犯知识产权犯罪。强化行政执法，改进执法方式，提高执法效率，加大对制假源头、重复侵权、恶意侵权、群体侵权的查处力度，为创新者提供更便利的维权渠道。加强商标品牌保护，提高消费品商标公共服务水平。规范有效保护商业秘密。持续推进政府机关和企业软件正版化工作。健全知识产权纠纷的争议仲裁和快速调解制度。充分发挥行业组织的自律作用，引导企业强化主体责任。深化知识产权保护的区域协作和国际合作。

（三）促进知识产权高效运用。突出知识产权在科技创新、新兴产业培育方面的引领作用，大力发展知识产权密集型产业，完善专利导航产业发展工作机制，深入开展知识产权评议工作。加大高技术含量知识产权转移转化力度。创新知识产权运营模式和服务产品。完善科研开发与管理机构的知识产权管理制度，探索建立知识产权专员派驻机制。建立健全知识产权服务标准，完善知识产权服务体系。完善"知识产权＋金融"服务机制，深入推进质押融资风险补偿试点。推动产业集群品牌的注册和保护，开展产业集群、品牌基地、地理标志、知识产权服务业集聚区培育试点示范工作。推动军民知识产权转移转化，促进军民融合深度发展。

四、重点工作

（一）完善知识产权法律制度

1. 加快知识产权法律法规建设。加快推动专利法、著作权法、反不正当竞争法及配套法规、植物新品种保护条例等法律法规的制修订工作。适时做好地理标志立法工作，健全遗传资源、传统知识、民间文艺、中医药、新闻作品、广播电视节目等领域法律制度。完善职务发明制度和规制知识产权滥用行为的法律制度，健全国防领域知识产权法规政策。

2. 健全知识产权相关法律制度。研究完善商业模式和实用艺术品等知识产权保护制度。研究"互联网＋"、电子商务、大数据等新业态、新领域知识产权保护规则。研究新媒体条件下的新闻作品版权保护。研究实质性派生品种保护制度。制定关于滥用知识产权的反垄断指南。完善商业秘密保护法律制度，明确商业秘密和侵权行为界定，探索建立诉前保护制度。

专栏1　知识产权法律完善工程

推动修订完善知识产权法律、法规和部门规章。配合全国人大常委会完成专利法第四次全面修改。推进著作权法第三次修改。根据专利法、著作权法修改进度适时推进专利法实施细则、专利审查指南、著作权法实施条例等配套法规和部门规章的修订。完成专利代理条例和国防专利条例修订。

支持开展立法研究。组织研究制定知识产权基础性法律的必要性和可行性。研究在民事基础性法律中进一步明确知识产权制度的基本原则、一般规则及重要概念。研究开展反不正当竞争法、知识产权海关保护条例、生物遗传资源获取管理条例以及中医药等领域知识产权保护相关法律法规制修订工作。

（二）提升知识产权保护水平

1. 发挥知识产权司法保护作用。推动知识产权领域的司法体制改革，构建公正高效的知识产权司法保护体系，形成资源优化、科学运行、高效权威的知识产权综合审判体系，推进知识产权民事、刑事、行政案件的"三合一"审理机制，努力为知识产权权利人提供全方位和系统有效的保护，维护知识产权司法保护的稳定性、导向性、终局性和权威性。进一步发挥司法审查和司法监督职能。加强知识产权"双轨制"保护，发挥司法保护的主导作用，完善行政执法和司法保护两条途径优势互补、有机衔接的知识产权保护模式。加大对知识产权侵权行为的惩治力度，研究提高知识产权侵权法定赔偿上限，针对情节严重的恶意侵权行为实施惩罚性赔偿并由侵权人承担实际发生的合理开支。积极开展知识产权民事侵权诉讼程序与无效程序协调的研究。及时、有效做好知识产权司法救济工作。支持开展知识产权司法保护对外合作。

2. 强化知识产权刑事保护。完善常态化打防工作格局，进一步优化全程打击策略，全链条惩治侵权假冒犯罪。深化行政执法部门间的协作配合，探索使用专业技术手段，提升信息应用能力和数据运用水平，完善与电子商务企业协作机制。加强打假专业队伍能力建设。深化国际执法合作，加大涉外知识产权犯罪案件侦办力度，围绕重点案件开展跨国联合执法行动。

3. 加强知识产权行政执法体系建设。加强知识产权行政执法能力建设，统一执法标准，完善执法程序，提高执法专业化、信息化、规范化水平。完善知识产权联合执法和跨地区执法协作机制，积极开展执法专项行动，重点查办跨区域、大规模和社会反映强烈的侵权案件。建立完善专利、版权线上执法办案系统。完善打击侵权假冒商品的举报投诉机制。创新知识产权快速维权工作机制。完善知识产权行政执法监督，加强执法维权绩效管理。加大展会知识产权保护力度。加强严格知识产权保护的绩效评价，持续开展知识产权保护社会满意度调查。建立知识产权纠纷多元解决机制，加强知识产权仲裁机构和纠纷调解机构建设。

4. 强化进出口贸易知识产权保护。落实对外贸易法中知识产权保护相关规定，适时出台与进出口贸易相关的知识产权保护政策。改进知识产权海关保护执法体系，加大对优势领域和新业态、新领域创新成果的知识产权海关保护力度。完善自由贸易试验区、海关特殊监管区内货物及过境、转运、通运货物的知识产权海关保护执法程序，在确保有效监管的前提下促进贸易便利。坚持专项整治、丰富执法手段、完善运行机制，提高打击侵权假冒执行力度，突出打击互联网领域跨境电子商务侵权假冒违法活动。加强国内、国际执法合作，完善从生产源头到流通渠道、消费终端的全链条式管理。

5. 强化传统优势领域知识产权保护。开展遗传资源、传统知识和民间文艺等知识产权资源调查。制定非物质文化遗产知识产权工作指南，加强对优秀传统知识资源的保护和运用。完善传统知识和民间文艺登记、注册机制，鼓励社会资本发起设立传统知识、民间文艺保护和发展基金。研究完善中国遗传资源保护利用制度，建立生物遗传资源获取的信息披露、事先知情同意和惠益分享制度。探索构建中医药知识产权综合保护体系，建立医药传统知识保护名录。建立民间文艺作品的使用保护制度。

6. 加强新领域新业态知识产权保护。加大宽带移动互联网、云计算、物联网、大数据、高性能计算、移动智能终端等领域的知识产权保护力度。强化在线监测，深入开展打击网络侵权假冒行为专项行动。加强对网络服务商传播影视剧、广播电视节目、音乐、文学、新闻、软件、游戏等监督管理工作，积极推进网络知识产权保护协作，将知识产权执法职责与电子商务企业的管理责任结合起来，建立信息报送、线索共享、案件研判和专业培训合作机制。

7. 加强民生领域知识产权保护。加大对食品、药品、环境等领域的知识产权保护力度，健全侵权假冒快速处理机制。建立健全创新药物、新型疫苗、先进医疗装备等领域的知识产权保护长效工作机制。加强污染治理和资源循环利用等生态环保领域的专利保护力度。开展知识产权保护进乡村专项行动，建立县域及乡镇部门协作执法机制和重大案件联合督办制度，加强农村市场知识产权行政执法条件建设。针对电子、建材、汽车配件、小五金、食品、农资等专业市场，加大对侵权假冒商品的打击力度，严堵侵权假冒商品的流通渠道。

专栏2　知识产权保护工程

开展系列专项行动。重点打击侵犯注册商标专用权、擅自使用他人知名商品特有名称包装装潢、冒用他人企业名称或姓名等仿冒侵权违法行为。针对重点领域开展打击侵权盗版专项行动，突出大案要案查处、重点行业专项治理和网络盗版监管，持续开展"红盾网剑"、"剑网"专项行动，严厉打击网络侵权假冒等违法行为。开展打击侵犯植物新品种权和制售假劣种子行为专项行动。

推进跨部门跨领域跨区域执法协作。加大涉嫌犯罪案件移交工作力度。开展与相关国际组织和境外执法部门的联合执法。加强大型商场、展会、电子商务、进出口等领域知识产权执法维权工作。

加强"12330"维权援助与举报投诉体系建设。强化"12330"平台建设，拓展维权援助服务渠道。提升平台服务质量，深入对接产业联盟、行业协会。

完善知识产权快速维权机制。加快推进知识产权快速维权中心建设，提升工作质量与效率。推进快速维权领域由单一行业向多行业扩展、类别由外观设计向实用新型专利和发明专利扩展、区域由特定地区向省域辐射，在特色产业集聚区和重点行业建立一批知识产权快速维权中心。

推进知识产权领域信用体系建设。推进侵权纠纷案件信息公示工作，严格执行公示标准。将故意侵权行为纳入社会信用评价体系，明确专利侵权等信用信息的采集规则和使用方式，向征信机构公开相关信息。积极推动建立知识产权领域信用联合惩戒机制。

（三）提高知识产权质量效益

1. 提高专利质量效益。建立专利申请质量监管机制。深化专利代理领域改革。健全专利审查质量管理机制。优化专利审查流程与方式。完善专利审查协作机制。继续深化专利审查业务国际合作，拓展"专利审查高速路"国际合作网络。加快建设世界一流专利审查机构。加强专利活动与经济效益之间的关联评价。完善专利奖的评审与激励政策，发挥专利奖标杆引领作用。

专栏3　专利质量提升工程

提升发明创造和专利申请质量。在知识产权强省、强市建设和有关试点示范工作中强化专利质量评价和引导。建立专利申请诚信档案，持续开展专利申请质量监测与反馈。

　　提升专利审查质量。加强审查业务指导体系和审查质量保障体系建设。完善绿色技术专利申请优先审查机制。做好基于审查资源的社会服务工作。构建专利审查指南修订常态化机制。改进审查周期管理，满足创新主体多样化需求。加强与行业协会、代理人、申请人的沟通，形成快捷高效的外部质量反馈机制，提高社会满意度。加大支撑专利审查的信息化基础设施建设。

　　提升专利代理质量。深化专利代理领域"放管服"改革，提高行业管理水平。强化竞争机制和行业自律，加大对代理机构和代理人的执业诚信信息披露力度。针对专利代理机构的代理质量构建反馈、评价、约谈、惩戒机制。

　　提升专利运用和保护水平。加快知识产权运营公共服务平台体系建设，为专利转移转化、收购托管、交易流转、质押融资、专利导航等提供平台支撑，提高专利运用效益。制定出台相关政策，营造良好的专利保护环境，促进高质量创造和高价值专利实施。

　　2. 实施商标战略。提升商标注册便利化水平，优化商标审查体系，建立健全便捷高效的商标审查协作机制。提升商标权保护工作效能，为商标建设营造公平竞争的市场环境。创新商标行政指导和服务监管方式，提升企业运用商标制度能力，打造知名品牌。研究建立商标价值评估体系，构建商标与国民生产总值、就业规模等经济指标相融合的指标体系。建立国家商标信息库。

　　3. 打造精品版权。全面完善版权社会服务体系，发挥版权社会服务机构的作用。推动版权资产管理制度建设。建立版权贸易基地、交易中心工作协调机制。充分发挥全国版权示范城市、单位、园区（基地）的示范引导作用。打造一批规模化、集约化、专业化的版权企业，带动版权产业健康快速发展。鼓励形成一批拥有精品品牌的广播影视播映和制作经营机构，打造精品影视节目版权和版权产业链。鼓励文化领域商业模式创新，大力发展版权代理和版权经纪业务，促进版权产业和市场的发展。

　　4. 加强地理标志、植物新品种和集成电路布图设计等领域知识产权工作。建立地理标志联合认定机制，加强我国地理标志在海外市场注册和保护工作。推动建立统筹协调的植物新品种管理机制，推进植物新品种测试体系建设，加快制定植物新品种测试指南，提高审查测试水平。加强种子企业与高校、科研机构的协作创新，建立授权植物新品种的基因图谱数据库，为维权取证和执法提供技术支撑。完善集成电路布图设计保护制度，优化集成电路布图设计的登记和撤销程序，充分发挥集成电路布图设计制度的作用，促进集成电路产业升级发展。

（四）加强知识产权强省、强市建设

1. 建成一批知识产权强省、强市。推进引领型、支撑型、特色型知识产权强省建设，发挥知识产权强省的示范带动作用。深入开展知识产权试点示范工作，可在国家知识产权示范城市、全国版权示范城市等基础上建成一批布局合理、特色明显的知识产权强市。进一步探索建设适合国情的县域知识产权工作机制。

2. 促进区域知识产权协调发展。推动开展知识产权区域布局试点，形成以知识产权资源为核心的配置导向目录，推进区域知识产权资源配置和政策优化调整。支持西部地区改善创新环境，加快知识产权发展，提升企业事业单位知识产权创造运用水平。制定实施支持东北地区等老工业基地振兴的知识产权政策，推动东北地区等老工业基地传统制造业转型升级。提升中部地区特色优势产业的知识产权水平。支持东部地区在知识产权运用方面积极探索、率先发展，培育若干带动区域知识产权协同发展的增长极。推动京津冀知识产权保护一体、运用协同、服务共享，促进创新要素自由合理流动。推进长江经济带知识产权建设，引导产业优化布局和分工协作。

3. 做好知识产权领域扶贫工作。加大对边远地区传统知识、遗传资源、民间文艺、中医药等领域知识产权的保护与运用力度。利用知识产权人才优势、技术优势和信息优势进一步开发地理标志产品，加强植物新品种保护，引导注册地理标志商标，推广应用涉农专利技术。开展知识产权富民工作，推进实施商标富农工程，充分发挥农产品商标和地理标志在农业产业化中的作用，培育一批知识产权扶贫精品项目。支持革命老区、民族地区、边疆地区、贫困地区加强知识产权机构建设，提升知识产权数量和保护水平。

（五）加快知识产权强企建设

1. 提升企业知识产权综合能力。推行企业知识产权管理国家标准，在生产经营、科技创新中加强知识产权全过程管理。完善知识产权认证制度，探索建立知识产权管理体系认证结果的国际互认机制。推动开展知识产权协同运用，鼓励和支持大型企业开展知识产权评议工作，在重点领域合作中开展知识产权评估、收购、运营、风险预警与应对。切实增强企业知识产权意识，支持企业加大知识产权投入，提高竞争力。

2. 培育知识产权优势企业。出台知识产权优势企业建设指南，推动建立企业知识产权服务机制，引导优质服务力量助力企业形成知识产权竞争优势。出台知识产权示范企业培育指导性文件，提升企业知识产权战略管理能力、市场竞争力和行业影响力。

3. 完善知识产权强企工作支撑体系。完善知识产权资产的财务、评估等管理制度及相关会计准则，引导企业发布知识产权经营报告书。提升企业知识产权资产管理能力，推动企业在并购重组、股权激励、对外投资等活动中的知识产权资产管理。加强政府、企业和社会的协作，引导企业开展形式多样的知识产权资本化运作。

专栏4　知识产权强企工程

推行企业知识产权管理规范。建立政策引导、咨询服务和第三方认证体系。培养企业知识产权管理专业化人才队伍。

制定知识产权强企建设方案。建立分类指导的政策体系，塑造企业示范典型，培育一批具备国际竞争优势的知识产权领军企业。实施中小企业知识产权战略推进工程，加大知识产权保护援助力度，构建服务支撑体系，扶持中小企业创新发展。

鼓励企业国际化发展。引导企业开展海外知识产权布局。发挥知识产权联盟作用，鼓励企业将专利转化为国际标准。促进知识产权管理体系标准、认证国际化。

（六）推动产业升级发展

1. 推动专利导航产业发展。深入实施专利导航试点工程，引导产业创新发展，开展产业知识产权全球战略布局，助推产业提质增效升级。面向战略性新兴产业，在新材料、生物医药、物联网、新能源、高端装备制造等领域实施一批产业规划类和企业运营类专利导航项目。在全面创新改革试验区、自由贸易试验区、中外合作产业园区、知识产权试点示范园区等重点区域，推动建立专利导航产业发展工作机制。

2. 完善"中国制造"知识产权布局。围绕"中国制造2025"的重点领域和"互联网＋"行动的关键环节，形成一批产业关键核心共性技术知识产权。实施制造业知识产权协同运用推进工程，在制造业创新中心建设等重大工程实施中支持骨干企业、高校、科研院所协同创新、联合研发，形成一批产业化导向的专利组合，强化创新成果转化运用。

3. 促进知识产权密集型产业发展。制定知识产权密集型产业目录和发展规划，发布知识产权密集型产业的发展态势报告。运用股权投资基金等市场化方式，引导社会资金投入知识产权密集型产业。加大政府采购对知识产权密集型产品的支持力度。鼓励有条件的地区发展知识产权密集型产业集聚区，构建优势互补的产业协调发展格局。建设一批高增长、高收益的知识产权密集型产业,促进产业提质增效升级。

4. 支持产业知识产权联盟发展。鼓励组建产业知识产权联盟,开展联盟备案管理和服务,建立重点产业联盟管理库,对联盟发展状况进行评议监测和分类指导。支持成立知识产权服务联盟。属于社会组织的,依法履行登记手续。支持联盟构筑和运营产业专利池,推动形成标准必要专利,建立重点产业知识产权侵权监控和风险应对机制。鼓励社会资本设立知识产权产业化专项基金,充分发挥重点产业知识产权运营基金作用,提高产业知识产权运营水平与国际竞争力,保障产业技术安全。

5. 深化知识产权评议工作。实施知识产权评议工程,研究制定相关政策。围绕国家重大产业规划、政府重大投资项目等开展知识产权评议,积极探索重大科技经济活动知识产权评议试点。建立国家科技计划(专项、基金等)知识产权目标评估制度。加强知识产权评议专业机构建设和人才培养,积极推动评议成果运用,建立重点领域评议报告发布机制。推动制定评议服务相关标准。鼓励和支持行业骨干企业与专业机构在重点领域合作开展评议工作,提高创新效率,防范知识产权风险。

专栏5　知识产权评议工程

推进重点领域知识产权评议工作。加强知识产权主管部门与产业主管部门间的沟通协作,围绕国家科技重大专项以及战略性新兴产业,针对高端通用芯片、高档数控机床、集成电路装备、宽带移动通信、油气田、核电站、水污染治理、转基因生物新品种、新药创制、传染病防治等领域的关键核心技术深入开展知识产权评议工作,及时提供或发布评议报告。

提升知识产权评议能力。制定发布重大经济活动评议指导手册和分类评议实务指引,规范评议范围和程序。实施评议能力提升计划,支持开发评议工具,培养一批评议人才。

培育知识产权评议服务力量。培育知识产权评议服务示范机构,加强服务供需对接。推动评议服务行业组织建设,支持制定评议服务标准,鼓励联盟实施行业自律。加强评议服务机构国际交流,拓展服务空间。

---

6. 推动军民知识产权转移转化。加强国防知识产权保护,完善国防知识产权归属与利益分配机制。制定促进知识产权军民双向转化的指导意见。放开国防知识

产权代理服务行业，建立和完善相应的准入退出机制。推动国防知识产权信息平台建设，分类建设国防知识产权信息资源，逐步开放检索。营造有利于军民协同创新、双向转化的国防科技工业知识产权政策环境。建设完善国防科技工业知识产权平台，完成专利信息平台建设，形成更加完善的国防科技工业专利基础数据库。

（七）促进知识产权开放合作

1. 加强知识产权国际交流合作。进一步加强涉外知识产权事务的统筹协调。加强与经贸相关的多双边知识产权对外谈判、双边知识产权合作磋商机制及国内立场的协调等工作。积极参与知识产权国际规则制定，加快推进保护广播组织条约修订，推动公共健康多哈宣言落实和视听表演北京条约尽快生效，做好我国批准马拉喀什条约相关准备工作。加强与世界知识产权组织、世界贸易组织及相关国际组织的交流合作。拓宽知识产权公共外交渠道。继续巩固发展知识产权多双边合作关系，加强与"一带一路"沿线国家、金砖国家的知识产权交流合作。加强我驻国际组织、主要国家和地区外交机构中涉知识产权事务的人才储备和人力配备。

2. 积极支持创新企业"走出去"。健全企业海外知识产权维权援助体系。鼓励社会资本设立中国企业海外知识产权维权援助服务基金。制定实施应对海外产业重大知识产权纠纷的政策。完善海外知识产权信息服务平台，发布相关国家和地区知识产权制度环境等信息。支持企业广泛开展知识产权跨国交易，推动有自主知识产权的服务和产品"走出去"。继续开展外向型企业海外知识产权保护以及纠纷应对实务培训。

专栏6　知识产权海外维权工程

健全风险预警机制。推动企业在人才引进、国际参展、产品和技术进出口、企业并购等活动中开展知识产权风险评估，提高企业应对知识产权纠纷能力。加强对知识产权案件的跟踪研究，及时发布风险提示。

建立海外维权援助机制。加强中国保护知识产权海外维权信息平台建设。发布海外知识产权服务机构和专家名录及案例数据库。建立海外展会知识产权快速维权长效机制，组建海外展会快速维权中心，建立海外展会快速维权与常规维权援助联动的工作机制。

五、重大专项

（一）加强知识产权交易运营体系建设

1. 完善知识产权运营公共服务平台。发挥中央财政资金引导作用，建设全国知识产权运营公共服务平台，依托文化产权、知识产权等无形资产交易场所开展版权交易，审慎设立版权交易平台。出台有关行业管理规则，加强对知识产权交易运营的业务指导和行业管理。以知识产权运营公共服务平台为基础，推动建立基于互联网、基础统一的知识产权质押登记平台。

2. 创新知识产权金融服务。拓展知识产权质押融资试点内容和工作范围，完善风险管理以及补偿机制，鼓励社会资本发起设立小微企业风险补偿基金。探索开展知识产权证券化和信托业务，支持以知识产权出资入股，在依法合规的前提下开展互联网知识产权金融服务，加强专利价值分析与应用效果评价工作，加快专利价值分析标准化建设。加强对知识产权质押的动态管理。

3. 加强知识产权协同运用。面向行业协会、高校和科研机构深入开展专利协同运用试点，建立订单式发明、投放式创新的专利协同运用机制。培育建设一批产业特色鲜明、优势突出，具有国际影响力的专业化知识产权运营机构。强化行业协会在知识产权联合创造、协同运用、合力保护、共同管理等方面的作用。鼓励高校和科研机构强化知识产权申请、运营权责，加大知识产权转化力度。引导高校院所、企业联合共建专利技术产业化基地。

专栏7　知识产权投融资服务工程

建设全国知识产权运营公共服务体系。推进知识产权运营交易全过程电子化，积极开展知识产权运营项目管理。加快培育国家专利运营试点企业，加快推进西安知识产权军民融合试点、珠海知识产权金融试点及华北、华南等区域知识产权运营中心建设。

深化知识产权投融资工作。优化质押融资服务机制，鼓励有条件的地区建立知识产权保险奖补机制。研究推进知识产权海外侵权责任保险工作。深入开展知识产权质押融资风险补偿基金和重点产业知识产权运营基金试点。探索知识产权证券化，完善知识产权信用担保机制，推动发展投贷联动、投保联动、投债联动等新模式。创新知识产权投融资产品。在全面创新改革试验区引导创业投资基金、股权投资基金加强对知识产权领域的投资。

创新管理运行方式。支持探索知识产权创造与运营的众包模式，鼓励金融机构在风险可控和商业可持续的前提下，基于众创、众包、众扶等新模式特点开展金融产品和服务创新，积极发展知识产权质押融资，促进"互联网＋"知识产权融合发展。

（二）加强知识产权公共服务体系建设

1. 提高知识产权公共服务能力。建立健全知识产权公共服务网络，增加知识产权信息公共服务产品供给。推动知识产权基础信息与经济、法律、科技、产业运行等其他信息资源互联互通。实施产业知识产权服务能力提升行动，创新对中小微企业和初创型企业的服务方式。发展"互联网＋"知识产权服务等新模式，培育规模化、专业化、市场化、国际化的知识产权服务品牌机构。

2. 建设知识产权信息公共服务平台。实现专利、商标、版权、集成电路布图设计、植物新品种、地理标志以及知识产权诉讼等基础信息资源免费或低成本开放共享。运用云计算、大数据、移动互联网等技术，实现平台知识产权信息统计、整合、推送服务。

专栏8　知识产权信息公共服务平台建设工程

建设公共服务网络。制定发布知识产权公共服务事项目录和办事指南。增加知识产权信息服务网点，加强公共图书馆、高校图书馆、科技信息服务机构、行业组织等的知识产权信息服务能力建设。

创建产业服务平台。依托专业机构创建一批布局合理、开放协同、市场化运作的产业知识产权信息公共服务平台，在中心城市、自由贸易试验区、国家自主创新示范区、国家级高新区、国家级经济技术开发区等提供知识产权服务。在众创空间等创新创业平台设置知识产权服务工作站。

整合服务和数据资源。整合知识产权信息资源、创新资源和服务资源，推进实体服务与网络服务协作，促进从研发创意、知识产权化、流通化到产业化的协同创新。建设专利基础数据资源开放平台，免费或低成本扩大专利数据的推广运用。建立财政资助项目形成的知识产权信息和上市企业知识产权信息公开窗口。

---

3. 建设知识产权服务业集聚区。在自由贸易试验区、国家自主创新示范区、国家级高新区、中外合作产业园区、国家级经济技术开发区等建设一批国家知识产权服务业集聚区。鼓励知识产权服务机构入驻创新创业资源密集区域，提供市场化、专业化的服务，满足创新创业者多样化需求。针对不同区域，加强分类指导，引导知识产权服务资源合理流动，与区域产业深度对接，促进经济提质增效升级。

4. 加强知识产权服务业监管。完善知识产权服务业统计制度，建立服务机构名录库。成立知识产权服务标准化技术组织，推动完善服务标准体系建设，开展标准化试点示范。完善专利代理管理制度，加强事中事后监管。健全知识产权服务诚信信息管理、信用评价和失信惩戒等管理制度，及时披露相关执业信息。研究建立知识产权服务业全国性行业组织。具备条件的地方，可探索开展知识产权服务行业协会组织"一业多会"试点。

（三）加强知识产权人才培育体系建设

1. 加强知识产权人才培养。加强知识产权相关学科专业建设，支持高等学校在管理学和经济学等学科中增设知识产权专业，支持理工类高校设置知识产权专业。加强知识产权学历教育和非学历继续教育，加强知识产权专业学位教育。构建政府部门、高校和社会相结合的多元知识产权教育培训组织模式，支持行业组织与专业机构合作，加大实务人才培育力度。加强国家知识产权培训基地建设工作，完善师资、教材、远程系统等基础建设。加大对领导干部、企业家和各类创新人才的知识产权培训力度。鼓励高等学校、科研院所开展知识产权国际学术交流，鼓励我国知识产权人才获得海外相应资格证书。推动将知识产权课程纳入各级党校、行政学院培训和选学内容。

2. 优化知识产权人才成长体系。加强知识产权高层次人才队伍建设，加大知识产权管理、运营和专利信息分析等人才培养力度。统筹协调知识产权人才培训、实践和使用，加强知识产权领军人才、国际化专业人才的培养与引进。构建多层次、高水平的知识产权智库体系。探索建立行业协会和企业事业单位专利专员制度。选拔一批知识产权创业导师，加强创新创业指导。

3. 建立人才发现与评价机制。建立人才引进使用中的知识产权鉴定机制，利用知识产权信息发现人才。完善知识产权职业水平评价制度，制定知识产权专业人员能力素质标准。鼓励知识产权服务人才和创新型人才跨界交流和有序流动，防范人才流动法律风险。建立创新人才知识产权维权援助机制。

（四）加强知识产权文化建设

1. 加大知识产权宣传普及力度。健全知识产权新闻发布制度，拓展信息发布渠道。组织开展全国知识产权宣传周、中国专利周、绿书签、中国国际商标品牌节等重大宣传活动。丰富知识产权宣传普及形式，发挥新媒体传播作用。支持优秀作品创作，推出具有影响力的知识产权题材影视文化作品，弘扬知识产权正能量。

2. 实施知识产权教育推广计划。鼓励知识产权文化和理论研究，加强普及型教育，推出优秀研究成果和普及读物。将知识产权内容全面纳入国家普法教育和全民科学素养提升工作。

专栏9　知识产权文化建设工程

加强宣传推广。利用新媒体，加强知识产权相关法律法规、典型案例的宣传。讲好中国知识产权故事，推出具有影响力的知识产权主题书籍、影视作品，挖掘报道典型人物和案例。

加强普及型教育。开展全国中小学知识产权教育试点示范工作，建立若干知识产权宣传教育示范学校。引导各类学校把知识产权文化建设与学生思想道德建设、校园文化建设、主题教育活动紧密结合，增强学生的知识产权意识和创新意识。

繁荣文化和理论研究。鼓励支持教育界、学术界广泛参与知识产权理论体系研究，支持创作兼具社会及经济效益的知识产权普及读物，增强知识产权文化传播的针对性和实效性，支撑和促进中国特色知识产权文化建设。

六、实施保障

（一）加强组织协调。各地区、各相关部门要高度重视，加强组织领导，明确责任分工，结合实际细化落实本规划提出的目标任务，制定专项规划、年度计划和配套政策，推动规划有效落实。加强统筹协调，充分发挥国务院知识产权战略实施工作部际联席会议制度作用，做好规划组织实施工作。全国打击侵犯知识产权和制售假冒伪劣商品工作领导小组要切实加强对打击侵犯知识产权和制售假冒伪劣商品工作的统一组织领导。各相关部门要依法履职，认真贯彻落实本规划要求，密切协作，形成规划实施合力。

（二）加强财力保障。加强财政预算与规划实施的相互衔接协调，各级财政按照现行经费渠道对规划实施予以合理保障，鼓励社会资金投入知识产权各项规划工作，促进知识产权事业发展。统筹各级各部门与知识产权相关的公共资源，突出投入重点，优化支出结构，切实保障重点任务、重大项目的落实。

（三）加强考核评估。各地区、各相关部门要加强对本规划实施情况的动态监测和评估工作。国务院知识产权战略实施工作部际联席会议办公室要会同相关部门按照本规划的部署和要求，建立规划实施情况的评估机制，对各项任务落实情况组织开展监督检查和绩效评估工作，重要情况及时报告国务院。

关于加快建设知识产权强市的指导意见

国知发管字〔2016〕86 号

各省、自治区、直辖市和新疆生产建设兵团知识产权局，局机关各部门，专利局各部门，局直属各单位、各社会团体：

我国城市发展已经进入新的发展时期，知识产权正在成为城市创新驱动发展的新引擎。深入推进知识产权在城市经济发展、产业规划、综合治理、公共服务等领域的全面运用和聚合发展，推动形成先进的城市发展理念和城市治理模式，是支撑知识产权强国建设、加快推进供给侧结构性改革、全面提升城市核心竞争力的必然要求。为贯彻落实《国务院关于新形势下加快知识产权强国建设的若干意见》（国发〔2015〕71 号），进一步深化城市知识产权试点示范工作，建设国内一流、国际有影响力的知识产权强市，现提出如下指导意见。

一、总体要求

（一）指导思想

全面贯彻党的十八大和十八届三中、四中、五中、六中全会精神，深入贯彻习近平总书记系列重要讲话精神，按照党中央、国务院决策部署，紧紧围绕"五位一体"总体布局和"四个全面"战略布局，牢固树立创新、协调、绿色、开放、共享的发展理念，深入实施创新驱动发展战略和国家知识产权战略，以知识产权与城市创新发展深度融合为主线，以加强知识产权保护和运用为主题，以改革和创新为动力，以知识产权强县（区）、强局、强企建设为抓手，建设一批创新活力足、质量效益好、可持续发展能力强的知识产权强市，为建成中国特色、世界水平的知识产权强国奠定坚实基础。

（二）基本原则

凝聚改革动力。以知识产权管理体制机制改革为突破口，促进知识产权保护和运用等重点领域改革，提升城市知识产权治理水平；坚持规划引领，充分发挥市场在资源配置中的决定性作用和更好地发挥政府的作用，增强城市持续发展能力。

深化创新引领。实行全面从严的知识产权保护，激发城市创新活力，营造良好的城市创新发展环境；注重知识产权发展质量，提升知识产权运用的综合效益，畅通创新价值实现渠道，让创新成为城市发展的主动力，释放城市发展新动能。

聚合发展优势。结合城市资源禀赋和区位优势，促进创新资源开放共享，引导创新资源向城市主导产业和特色产业集聚；以知识产权协同创新促进产业转型升级，培育具有产业特色优势的现代化城市，提升城市发展竞争力。

坚持统筹布局。结合实施"一带一路"建设、京津冀协同发展、长江经济带建设等战略，以国家重点规划发展城市群为主体，以国家知识产权示范城市群为基础，科学规划知识产权强市建设空间布局，打造具有引领示范效应的区域知识产权发展极。

（三）发展目标

按照"对标国际、领跑全国、支撑区域"的要求，采取"工程式建设、体系化推进、项目式管理、责任制落实"的方式推进知识产权强市建设。到2020年，在长三角、珠三角、环渤海及其他国家重点发展区域建成20个左右具备下列特征的知识产权引领型创新驱动发展之城：

——建成内容全面、链条完整、环节畅通、职责健全、服务多元的城市知识产权综合管理体系。顺应国际知识产权管理体制发展趋势，适应城市创新发展需求，知识产权政策与产业、科技、金融等政策高效融合，城市知识产权治理能力达到国内一流水平。

——建成覆盖创造获权、用权维权等知识产权全链条，集成授权确权、司法审判、刑事执法、行政执法、仲裁调解、行业自律、社会监督的知识产权大保护体系。城市知识产权执法水平和能力国际广泛认可，创新权益充分保护，创新活力全面激发，城市知识产权保护环境达到国内一流水平。

——建成开放创新、集聚融合、绿色低碳、可持续的知识产权产业发展体系。形成若干具备国际竞争力的知识产权领军企业和产业集群，打造形成市场主导的城市知识产权创新生态链，促进新业态、新商业模式不断涌现，知识产权对城市经济发展的贡献度达到国内一流水平。

——建成引领区域、均衡发展、互动协作、资源共享的知识产权协调发展机制。知识产权制度对经济发展、文化繁荣和社会建设的促进作用充分显现，区域发展带动能力更加突出。建成运用知识产权国际先进经验的先行地，知识产权国际国内协同创新资源高度集聚，城市知识产权对外合作交流达到国内一流水平。

到2030年，在国家主要城市群中全面形成特色鲜明、体制顺畅、集聚融合、充满活力、更加开放的知识产权强市建设发展格局。

二、重点任务和重大工程

（一）实施知识产权管理能力提升工程，适应创新需求

1. 推进知识产权管理体制机制改革。积极开展知识产权综合管理改革，加强市、县（区）两级知识产权管理机构建设和工作队伍建设。建立集中高效的城市知识产权综合管理体系，打通创造、运用、保护和服务等制度运行关键环节，服务企事业单位、行业组织、服务机构、社会公众等多元主体。持续开展县域知识产权试点示范工作，积极培育国家知识产权强县。研究建立科技创新、知识产权与产业发展相结合的创新驱动发展指标，并纳入国民经济和社会发展规划。在对党政领导班子和领导干部进行综合考核评价时突出知识产权绩效评价导向。按照有关规定设置知识产权奖励项目，加大各类奖励制度的知识产权评价权重。

2. 建立专利导航城市创新发展决策机制。开展专利导航城市创新发展质量评价工作，优化知识产权区域布局，提升区域创新发展层次。以专利数据为信息获取主体，综合运用专利信息分析和市场价值分析手段，结合经济数据的分析和挖掘，准确把握知识产权在城市创新发展中的引领支撑作用，厘清知识产权资源与创新资源、产业资源、经济资源的匹配关系，通过专利导航促进创新链、产业链、资金链、政策链深度融合，逐步建立以专利导航支撑行政决策的创新决策机制，提高城市创新宏观管理能力和资源配置效率。

3. 建立知识产权促进创新创业服务机制。打造知识产权特色小镇，对各类知识产权创客项目给予资金扶持，打造专利创业孵化链。制定面向知识产权创客人才的专项扶持政策，加强集聚知识产权创客人才。建立健全创业知识产权辅导制度，为创客提供知识产权创业导师服务。加强专利布局、专利挖掘等实务培训，推广专利信息分析成果利用。在双创示范基地、重点园区推进知识产权公共服务点对点对接。面向创新创业主体推行知识产权服务券模式，加大财政扶持力度。

4. 完善知识产权公共服务和政策体系。提升城市知识产权公共服务能力和服务水平，增加高校、科研机构专利信息服务网点，实现区县专利信息服务网点全覆盖。制定发布知识产权公共服务事项目录和办事指南，建设线上线下相结合的"一站式"知识产权综合服务平台。运用云计算、大数据、移动互联等技术，完善各类知识产权管理在线服务，提升知识产权信息获取效率。建立完善激励创造、促进运用、严格保护、规范服务等方面的知识产权政策，推动知识产权政策与产业、经济、科技、贸易、金融、财税等政策融合支撑。建设城市知识产权智库，支持设立市长知识产权顾问，邀请国内外知识产权领域知名专家，为知识产权引领城市创新发展建言献策。

（二）实施知识产权大保护工程，营造创新创业环境

1. 完善知识产权执法维权体系。建立市、县（区）主要领导知识产权保护负责制。建立统一、高效的市、县（区）知识产权行政执法体系，开展知识产权综合行政执法，积极创建知识产权执法强局。强化电商、民生等重点领域和展会、进出口等关键环节的知识产权保护机制。完善跨区域、跨部门知识产权协作执法、联合执法机制。扩大知识产权快速维权区域和产业覆盖面，加强海外知识产权维权援助。引导行业协会、中介组织等第三方机构参与解决海外知识产权纠纷，建立涉外知识产权争端联合应对机制。

2. 拓宽知识产权纠纷多元解决渠道。充分发挥产业知识产权联盟、行业协会等社会组织作用，针对不同类型知识产权纠纷的特点，鼓励引导创新主体通过调解、仲裁等渠道，低成本解决知识产权纠纷。建立知识产权纠纷技术鉴定、专家顾问制度，为知识产权维权提供专业支撑。试点建立专利无效确权与侵权仲裁的对接机制。开展知识产权纠纷诉讼与调解对接工作，推动建立知识产权纠纷调解协议的司法确认制度。探索仲裁与调解有机衔接、相互协调的知识产权纠纷非诉讼解决机制。

3. 建立知识产权保护社会监督网络体系。积极开展知识产权系统社会信用体系建设，依法将行政处罚案件相关信息以及不配合调查取证行为、不执行行政决定行为等纳入诚信体系。运用大数据先进理念、技术和资源，建设全面响应、全面公开、全程管理的知识产权监管网络平台，实现网络巡查、线上举报和投诉办案一体化。推动建立知识产权失信主体联合惩戒机制，制定知识产权失信主体联合惩戒备忘录。

4. 提升创新主体知识产权保护能力。积极探索开展重大科技活动知识产权评议试点。全面推行高校和科研机构知识产权管理国家标准，提升创新主体专利挖掘和布局能力。推动设立专利远程会晤接待站和复审巡回审理庭，为中小微企业提供便利化服务。依托国家专利审查资源，建立知识产权特派员制度，指导城市重大科研项目实施全过程知识产权管理。加强知识产权保护规范化市场培育工作，提升市场主办方知识产权保护管理能力。

（三）实施知识产权运用促进工程，推进产业转型升级

1. 完善城市知识产权投融资服务体系。发挥金融与财政的联动效应，引导金融机构发挥专业优势和渠道优势，建立系统化、流程化、专业化的知识产权金融服务机制。建立完善城市知识产权质押风险补偿基金等风险分担机制，推进知识产权质押融资续贷服务，加大对首贷客户、初创企业的知识产权质押融资支持力度。开展知识产权金融创新试点，充分利用资本市场，鼓励企业利用知识产权

开展直接融资。加快培育和规范专利保险市场，优化险种运营模式，支持保险机构深入开展专利保险业务，完善专利保险服务体系。

2. 完善城市专利导航产业创新发展工作体系。结合城市产业特点带动城市升级，研究开展知识产权密集型产业培育工作。围绕城市主导产业和特色产业，在各类产业园区推广建立专利导航产业发展工作机制。开展国家专利导航产业发展实验区建设，深入实施专利导航试点工程，推广实施产业规划类和企业运营类专利导航项目，实施一批专利储备运营项目，支撑产业创新发展。支持企业组建产业知识产权联盟，推动市场化主体开展知识产权协同运用。

3. 构建城市知识产权运营生态体系。建设城市知识产权运营交易中心，全面对接全国知识产权运营服务体系，链接国际一流知识产权创新主体、服务机构和产业资本。培育若干产业特色突出、运营模式领先的知识产权运营机构，以专利池、专利组合为主开展知识产权运营。推动高等院校、科研院所建立独立运行的知识产权运营机构，促进产业创新与市场需求有机对接。推动安排知识产权运营专项资金，鼓励带动社会资本共同设立产业知识产权运营基金，促进知识产权产业化。

（四）实施知识产权质量提升工程，增强发展后劲

1. 建立城市知识产权创造质量提升体系。开展形成核心专利的促进工作，进一步提高优质知识产权拥有量。强化城市发明、实用新型、外观设计专利的评价、资助和奖励的质量导向，探索建立政策优化专家问诊机制，将资助重点转向高价值专利培育。改革完善知识产权考核政策，在技术研发类科技计划中增加专利质量、效益指标。加强对知识产权服务机构的指导、监督和奖惩。采取多种形式开展提升专利申请质量的实务培训，提升创新主体专利创造能力。

2. 完善城市知识产权强企建设体系。推行知识产权管理规范国家标准，指导企业建立标准化知识产权管理体系，推广第三方审核认证。支持国家知识产权示范企业、优势企业建设高价值知识产权培育中心，运用专利导航理念，聚焦产业重点领域和关键环节，支持开展知识产权订单式研发、投放式创新，创造一批技术创新水平高、权利状态稳定、市场竞争力强的专利，构建高价值专利池和专利组合。鼓励企业在关键技术、核心领域、新兴产业方面进行专利布局，以知识产权优势掌握国内外市场话语权。支持企业加强知识产权运营，全面推进知识产权跨国并购，积极谋求市场主动权、资本主导权和技术制高点，加快开放发展，推动市场链高端化。

3. 建立城市产业集聚高端发展体系。遵循区域城市间产业链布局和创新资源配置规律，加快建设知识产权服务业集聚区。强化知识产权特色打造战略引领产业，围绕战略性新兴产业部署知识产权服务链。促进创新资源开放共享，建立

城市间产业知识产权协同创新机制，培育城市产业特色优势。加强产业知识产权集群管理，培育一批先进制造产业增长极。加强专利与标准的融合，形成一批具有自主知识产权、体现重点产业优势、反映国际先进水平、引领国内产业发展的技术标准。推广绿色低碳专利技术，推进产业可持续发展。

（五）实施知识产权发展环境建设工程，扩大开放合作

1. 健全城市知识产权人才支撑体系。以促进知识产权服务业"智力集聚"为重点，加快构建以高层次知识产权人才、高水平管理人才和高素质实务人才为主体的知识产权人才队伍。统筹推进知识产权行政管理和执法人才、企业、服务业、高校和科研机构知识产权人才等各级各类专业人才队伍全面发展。加强对领导干部、企业家和各类创新人才的知识产权培训，加大知识产权管理、运营等重点领域急需人才的培养力度。建立人才引进使用中的知识产权鉴定机制，有效利用知识产权信息发现人才，积极探索产学研用相结合的知识产权人才引进培养模式。强化知识产权实务人才培养平台建设，支持企业与服务机构、高校等共同打造专利导航实训基地。

2. 构建城市知识产权文化环境体系。创新城市知识产权文化载体，探索建立城市标志性的知识产权街或文化长廊，定期举办知识产权公益讲座。在电视台、主流报纸等媒体开办知识产权栏目，宣传知识产权典型案例和先进人物。利用全国知识产权宣传周、中国专利周等宣传活动开展内容丰富的知识产权社会宣传教育，提高城市居民知识产权认知度。积极开展中小学校知识产权教育试点示范工作，引导各类学校把知识产权与学生思想道德建设、校园文化建设等紧密结合，增强学生的知识产权意识和创新意识。

3. 提升城市知识产权对外合作水平。加强与国外有关城市和机构合作交流，建立稳定友好、对等互利的合作关系，以互访交流、会议研讨等形式打造城市国际化知识产权交流合作平台，积极宣传城市知识产权保护进展和工作成就，营造国际一流的招商引资、对外贸易和开放创新环境。以"请进来"与"走出去"相结合的方式，开展面向海外的知识产权培训，为企业提供知识产权海外布局和风险预警服务。

三、组织实施

（一）加强组织领导和工作支持

各城市人民政府作为知识产权强市建设的责任主体，要健全强市建设工作领导机制，明确责任分工，加大工作投入，制定具体实施方案，落实各项改革举措。各省知识产权局要认真谋划本省强市建设工作，指导相关城市编制建设方案，统筹省内各类资源，优先支持强市建设工作，督促检查强市建设进展情况。

各知识产权强省建设试点省要将知识产权强市建设作为强省建设的战略支撑和工作重点，在项目安排、政策倾斜等方面给予切实有力的支持。国家知识产权局将建立强市建设统筹协调机制，加强局省市联动，全面、系统、深入地指导知识产权强市建设。优先布局知识产权管理体制机制创新、专利导航产业发展、知识产权市场化运营、知识产权金融服务创新、严格知识产权保护、知识产权服务业发展等方面的相关政策、重大工程和试点示范项目。安排专门工作经费用于支持知识产权强市建设工作的顶层设计研究、专家咨询、宣传推动、绩效评估等。

（二）做好申报组织和方案编制

按照"响应式布局、滚动式推进、累积式发展"的工作思路，面向国家知识产权示范城市启动国家知识产权强市的申报、评定、指导和批复工作。符合申报条件的城市自愿申报、国家知识产权局组织集中评定，按照"成熟一个，批复一个"的原则，批复确定一批基础条件突出、工作业绩显著、方案具体可行的城市率先开展国家知识产权强市建设。各有关城市要按照本意见的要求，聚焦五大工程编制知识产权强市建设方案，按照体系化推进要求设立对应的工作项目予以落实推进。国家知识产权局将对各有关城市申报的知识产权强市建设方案组织专家进行论证评价，并予以具体指导。各有关城市须对照要求，制定完善知识产权强市建设方案后由各有关城市人民政府印发实施。

（三）强化督促考核和经验交流

国家知识产权局建立知识产权强市建设评价指标体系，每年对各城市建设推进情况进行考核评价，并将考核评价结果作为知识产权强省建设考核评价的重要依据。建立激励、扩容和退出机制，每三年期开展一轮第三方评估，对水平领先、实绩突出的向全国推广，并逐步扩大知识产权强市建设范围；对推进力度不大、工作成效不明显的，进行督促整改，直至取消资格。加强对知识产权强市建设工作的跟踪研究和宣传报道，促进城市间的相互交流，积极探索知识产权强市建设的有效模式，为全国其他城市提供示范和参考。

国家知识产权局

2016 年 11 月 9 日

知识产权人才"十三五"规划

为深入实施国家知识产权战略，加快建设知识产权强国，努力实现人才强国和创新驱动发展，根据《中共中央关于深化人才发展体制机制改革的意见》《深入实施国家知识产权战略行动计划（2014—2020 年）》《国务院关于新形势下加快知识产权强国建设的若干意见》和《"十三五"国家知识产权保护和运用规划》的总体要求，制定本规划。

一、规划背景

知识产权人才是指从事知识产权工作，具有一定的知识产权专业知识和实践能力，能够推动知识产权事业发展并对激励创新、引领创新、保护创新和服务创新作出贡献的人。知识产权人才是发展知识产权事业和建设知识产权强国最基本、最核心、最关键的要素。

"十二五"时期，世界多极化、经济全球化深入发展，新一轮科技革命和产业变革蓄势待发，国际金融危机深层次影响依然存在。我国全面深化改革，加快实施创新驱动发展战略，大力推动供给侧结构性改革，促进"大众创业、万众创新"，经济发展进入新常态。同时，深入实施国家知识产权战略，深化知识产权领域改革，确立了建设知识产权强国的目标，充分发挥知识产权制度激励创新的基本保障作用。在此形势下，知识产权人才工作圆满完成了"十二五"时期的工作目标：党管人才的工作格局全面形成，有利于人才成长和发挥作用的政策体系初步建立，知识产权专业人员纳入国家职业分类大典，全国知识产权专业人才队伍15万余人，与"十一五"末相比翻了两番，知识产权从业人员超过50万人，人才能力素质不断提高，基本形成了梯次合理、门类齐全的知识产权人才队伍体系。人才工作逐步实现科学化、体系化、制度化，为知识产权强国建设提供了重要的人才基础。但从总体上看，知识产权人才数量和能力素质还不能完全满足事业发展的需要，人才结构和布局有待优化，高层次和实务型知识产权人才缺乏，人才资源开发投入不足，制约人才发展的体制机制障碍仍然存在。

"十三五"时期，是我国全面建成小康社会的决胜阶段，也是知识产权强国建设取得实质性进展的初创期、知识产权战略任务全面完成的关键期和知识产权领域改革取得决定性成果的攻坚期，知识产权事业比任何时期都更加渴求人才。人才工作是一项基础性、长期性和系统性工作，必须立足国家经济社会发展和知识产权强国建设的需要，准确把握发展趋势，认识新形势、适应新常态、推动新发展，进一步明确知识产权人才工作目标、任务和举措，科学谋划，扎实推进，努力推动知识产权人才工作取得新进展，实现新突破。

二、指导思想、基本原则和发展目标

（一）指导思想

全面贯彻党的十八大和十八届三中、四中、五中、六中全会精神，深入贯彻习近平总书记系列重要讲话精神，紧紧围绕统筹推进"五位一体"总体布局和

协调推进"四个全面"战略布局，牢固树立和贯彻落实创新、协调、绿色、开放、共享的发展理念，认真落实党中央、国务院决策部署，坚持党管人才原则，围绕知识产权强国建设的总体目标，深入实施国家知识产权战略，深化人才发展体制机制改革，创新人才政策制度，打通人才培养、使用、评价、流动、激励全链条，营造有利于人才成长和发展的良好环境，稳定、持续、创新地推进各级各类知识产权人才队伍的规模扩大、结构优化和层次提升，聚天下英才而用之，为建设中国特色、世界水平的知识产权强国提供坚实的人才支撑。

（二）基本原则

——围绕中心，服务发展。把服务知识产权强国建设作为知识产权人才工作的根本出发点和着力点，深入实施人才优先发展战略，加大人才工作投入，充分发挥人才对知识产权事业的驱动和支撑作用，为事业发展提供内生动力。

——深化改革，重点突破。聚焦知识产权人才工作的重点、难点问题，以体制机制改革破除制约人才发展的障碍，突出重点，培养和造就一批推动知识产权事业发展的急需紧缺人才和高层次人才，实现更高质量、更有效率、更可持续的人才发展。

——创新政策，优化环境。坚持系统培养、科学评价、高效使用、激励成长的方针，充分发挥市场在知识产权人才资源配置中的决定性作用，更好发挥政府的作用，完善和创新知识产权人才政策体系，形成人人都能成才的人才成长通道，最大限度地激发人才的活力和创造力。

——提升效能，以用为本。把充分发挥各类知识产权人才的作用作为人才工作的根本任务，围绕提高知识产权人才能力素质和使用效能来用好用活人才，为人才提供施展才华的实践平台，促进人才红利共享。

（三）发展目标

"十三五"期间，知识产权人才工作的总体目标是：加强知识产权人才体系建设，培养和造就一支人才规模、结构和层次符合知识产权事业发展需要，人才分布适应国家区域经济发展布局，人才制度具有国际竞争力，能够基本满足国家经济社会发展需要的知识产权人才队伍，为知识产权强国建设奠定坚实的人才基础。

——人才资源总量大幅增加。知识产权专业人才数量达到50万余人，包括知识产权行政管理和执法人才3万余人；企业知识产权人才30万余人；知识产权服务业人才15万余人，其中执业专利代理人达到2.5万人；高等学校、科研机构等单位知识产权人才3万余人。全国知识产权从业人员超过100万人。

——人才能力素质稳步提高。加强知识产权高层次人才队伍建设，培养"五个一批"知识产权急需紧缺人才队伍，推动知识产权人才能力素质全面提升，人才队伍结构和布局更加合理，知识产权人才供给进一步优化，形成一批知识产权人才高地。

——人才发展环境不断改善。进一步完善知识产权人才培养开发、评价发现、选拔使用、流动配置和激励保障制度，人才优先发展、人才是第一资源的理念深入人心，知识产权人才工作投入大幅提高，人才工作基础进一步夯实，人才工作方式方法不断创新。

——人才使用效能显著增强。知识产权管理和执法水平明显提高，专利审查人才能力达到国际先进水平，企业和服务业知识产权人才对推动科技进步、激励创新创业、助力"一带一路"战略实施和企业"走出去"等作用更加明显，人才对知识产权创造、运用、保护、管理和服务的支撑作用充分显现。

三、主要任务

（一）突出培养和选拔高端引领的知识产权高层次人才

以知识产权领军人才和百千万人才工程百名青年拔尖人才为重点，打造知识产权高层次人才队伍。努力造就一支知识产权理论知识功底扎实、实务技能较高、实践经验丰富，具有国际竞争力的知识产权领军人才队伍，充分发挥领军人才的引领和示范作用，形成一批以领军人才为核心的人才团队。建立以百名高层次人才培养人选为主体的青年拔尖人才队伍，协调推进急需紧缺人才和基础人才队伍建设，保障高层次人才队伍的可持续发展。

（二）大力开发支撑知识产权强国建设的急需紧缺人才

适应现代产业体系转型升级和现代服务业发展需要，支撑"一带一路"建设、京津冀协同发展、长江经济带发展等国家发展战略，聚焦战略性新兴产业布局和知识产权密集型产业发展等需求，大力开发知识产权强国建设急需紧缺人才，促进知识产权人才结构与经济社会发展相协调。建立知识产权人才需求动态调整和预测机制，重点培养一批政治素质高、业务能力强，能够维护好市场创新秩序的专业化知识产权行政管理和执法人才队伍，一批善于运用知识产权进行发展和经营的企业知识产权高级管理人才，一批促进知识产权交易许可、资本化和产业化等知识产权运用的知识产权运营人才，一批能够灵活运用专利信息资源并为企业、产业和社会发展服务的专利信息分析人才，一批拥有国际视野，具有丰富国际交流经验和处理知识产权国际事务能力的知识产权国际化人才。

（三）统筹推进各级各类知识产权人才队伍的全面发展

统筹抓好专利审查、企业、知识产权服务业、高等学校和科研机构等知识产权人才队伍建设，培养造就数以十万计的各级各类知识产权人才，形成规模宏大的知识产权基础人才队伍。

加强专利审查人才队伍建设。完善专利审查人才在职培训、考核评价和激励保障机制，招录好、培训好、使用好、发展好、管理好、稳定好专利审查人才队伍，逐步确立专利审查的国际优势地位。

促进企业知识产权人才队伍建设。以培育企业的创新能力和国际竞争力、提高知识产权管理水平为核心，加快培养企业知识产权管理和法务等知识产权实务人才，全面提升企业知识产权创造、运用、保护和管理能力。

培育知识产权服务业人才队伍。以拓展知识产权服务业人才业务领域和提高服务能力为核心，加强知识产权代理、法律、信息、商用化、咨询和培训六大知识产权服务业领域人才培养，加快建设一支职业化、专业化的知识产权服务业人才队伍。

推动高等学校和科研机构知识产权人才队伍建设。培养熟悉知识产权研究、法律事务、转移转化等专业知识的知识产权人才。建立一支具有扎实理论功底、丰富实践经验的"双师结构"知识产权师资队伍。

四、重点工作

（一）完善知识产权人才工作体制

坚持党管人才原则，充分发挥国家知识产权局人才工作领导小组作用，完善人才工作体制。各级知识产权行政管理部门要加强人才工作领导和组织，建立人才工作目标责任制，细化考核指标，配强工作力量，创新工作方式方法，形成统分结合、上下联动、协调高效、整体推进的人才工作体系。

（二）健全知识产权人才培养和使用机制

推动建立符合实际需要的知识产权学历教育和继续教育体系。推动知识产权相关学科专业建设，支持高等学校在管理学和经济学等学科中增设知识产权专业，支持理工类高校设置知识产权专业。推动加强知识产权专业学位教育，推动建立产学研联合培养知识产权人才模式，加强知识产权继续教育和培训工作，提高培训的科学性、系统性、针对性和实效性。拓展培训渠道，创新培训方式，加大知识产权人才培养国际化合作力度，开展针对性培养。

坚持以用为本，注重在实践中培养开发知识产权人才，依托高等学校、科研机构和国家自主创新示范区、自由贸易试验区、知识产权综合管理改革试点地方等单位和区域，整合优势资源，加大人才交流力度，构建由重大专项任务、重点研究课题、重大工程项目、国际交流合作等组成的人才实践锻炼平台。建立知识产权人才培养和使用的联动机制，积极支持和推荐知识产权人才到国际组织任职，探索建立知识产权专员派驻机制。

（三）创新知识产权人才重大政策

1. 完善人才选拔政策

加强人才选拔工作创新，完善知识产权领军人才、专家、百名青年拔尖人才的选拔标准。依托海外高层次人才引进计划引进知识产权运营、管理等各类急需紧缺人才。建立人才引进使用中的知识产权鉴定机制，有效利用知识产权信息发现创新人才。

2. 建立人才评价政策

完善专利审查、代理、管理和信息分析等知识产权人才能力素质标准，研究专利审查人才纳入专业技术类公务员管理，鼓励我国知识产权人才获得海外相应资格证书，积极推动建立和完善全国知识产权职业水平评价制度。

3. 完善人才流动政策

鼓励各地引进高端知识产权人才，并参照有关人才引进计划给予相关待遇。推动知识产权人才跨地区、跨部门交流，探索建立国际组织、政府部门、国有企业、高等学校和科研机构间人才"旋转门"。完善人才到基层服务和锻炼的政策制度。引导人才向中西部地区和中小微企业等地区和单位流动。

4. 健全人才激励政策

完善以政府奖励为导向、用人单位和社会力量奖励为主体的人才奖励制度。坚持多措并举，综合运用评选表彰全国专利系统先进、教育培训、薪酬福利等多种措施，表彰和表扬在知识产权工作中做出突出贡献的人才。探索建立创新人才维权援助机制，激发全社会创新热情。

（四）实施知识产权人才重大工程

1. 知识产权高端引领人才工程

发挥领军人才高端引领、示范带动作用，科学规划百名青年拔尖人才发展路径，完善成长通道，形成知识产权领军人才引领事业发展的良好局面。

知识产权领军人才。选拔一支精通知识产权法律和管理，熟悉知识产权国际规则和事务，专业能力和贡献突出，能够带领团队开展开创性工作的知识产权领军人才队伍。进一步优化领军人才结构，摸索形成知识产权领军人才选拔和使用的联动机制，打造一系列领军人才服务知识产权中心工作的平台项目，发挥领军人才的引领和示范作用。

百名青年拔尖人才。在知识产权行政管理和执法、专利审查、企业、服务业、高等学校和科研机构等行业和领域，分阶段遴选百名青年拔尖人才培养人选，作为重点对象加强培养，拓展国内外培训渠道，形成一支精通国内外知识产权法律法规、具有较高政策和战略研究水平、专业能力突出的青年拔尖人才队伍。

专栏1　知识产权高端引领人才工程

选拔200名左右的全国知识产权领军人才，选拔和培养400名左右的"百名青年拔尖人才"，构建以知识产权领军人才为核心的知识产权高层次人才团队集群。

组织举办领军人才巡讲、论坛等系列项目，充分发挥知识产权人才队伍服务经济社会发展和知识产权强国建设的重要作用。

2. 知识产权急需紧缺人才工程

以加强知识产权运用和保护为主要目标，突出"高精尖缺"的特点，聚焦科技、经济、贸易、文化等国家经济社会发展需要，完善企业、服务业、高等学校和科研机构知识产权"人才链"，培养和集聚知识产权强国建设的急需紧缺人才。

知识产权行政管理和执法人才。加强知识产权行政管理和执法人才培养，广泛开展行政管理、战略实施和知识产权保护实践相结合，内容涵盖知识产权行政管理、法律法规、授权确权、行政执法、司法裁判、仲裁调解等方面的培训，突出重点建立快速维权和地方知识产权执法骨干人才队伍，加大互联网、电子商务等新业态和食品药品等民生领域知识产权执法人才的培养和培训力度，为实施严格的知识产权保护提供人才支撑。

企业知识产权高级管理人才。适应产业结构转型升级、"中国制造2025"和知识产权强企建设等工作需要，以提高企业知识产权经营管理水平和国际竞争力为核心，培养一批善于运用知识产权进行发展和经营的企业高级管理人才，支持企业家运用知识产权进行创新创业。全面提升企业知识产权战略制定实施、知识产权布局和运营等经营管理水平。

知识产权运营人才。发挥市场主导作用，大力培育知识产权运营机构，持续开展知识产权评估、交易许可、标准化等知识产权运用业务以及知识产权保险、质押融资、作价入股等知识产权金融和资本化业务培训，培养一批具有发展潜力、可以带领团队完成重大项目运作的知识产权运营人才队伍。组建知识产权运营导师团，指导运营人才开展知识产权运营平台建设等项目实践。

专利信息分析人才。大力拓展专利信息分析人才来源，吸引科技情报机构、图书馆等领域的人才加入专利信息分析人才队伍，培养专利信息组织、加工、检索、分析等专业技能，形成一批基本满足产业发展和重大经济、科技活动需求的专利信息分析人才队伍，推动产业专利导航、知识产权评议、价值评估、咨询服务和知识产权公共信息服务平台建设等工作开展。

知识产权国际化人才。服务于国家外交大局和"一带一路"、企业"走出去"等战略，加大国际化人才选拔和培养力度，研究我国驻国际组织、主要国家和地区外交机构中涉知识产权事务的人力配备，加强国内外知识产权人才的双向交流和培训，增强知识产权国际交流实务能力，发挥知识产权国际化人才在技术进出口、海外诉讼、资源引进和国际谈判等方面的重要作用，为提升我国知识产权外交地位和知识产权海外竞争护航。

专栏 2　知识产权急需紧缺人才工程

严格实行行政执法人员上岗和资格管理制度，分批对全系统持证在岗执法人员进行能力提升轮训。

培养遴选 200 名左右精通知识产权管理、知识产权布局和善于运用知识产权推动发展的企事业知识产权高级管理人才。

培养遴选 200 名左右熟悉知识产权运营实务、带领团队独立完成重大项目运作的知识产权运营人才。

吸引人才加入专利信息分析人才队伍，培养评测 1500 名左右能力素质达到中级水平的专利信息分析人才，形成专利信息相关课程体系。

建立知识产权国际化人才储备库，选拔 200 名左右知识产权国际化人才。

---

3. 知识产权基础人才工程

制定贯彻落实知识产权人才"十三五"规划行动计划，完善专利审查人才教育培训体系，充分发挥专利审查员实践基地作用，培养具有较高业务素质和实践经验的专利审查人才，提升专利审查质量。充分发挥专利审查协作中心作用，全面提升专利审查人才社会服务能力。

提升服务业人才服务创新主体知识产权获权、用权、维权能力，建立专利代理人等知识产权服务业人才能力素质标准，提升专利代理质量，完善专利代理人资格考试制度，支持服务机构形成多元化业务体系，满足创新主体的服务需求。

推动建立和完善企事业单位知识产权人才水平评价制度，每年培训数十万名中小企业知识产权工作者和经营管理人员，鼓励和引导中小企业设立专职知识产权岗位。带动和支持一批理工科类高等学校和科研机构建立知识产权管理团队，提升企事业单位知识产权人才队伍的职业化、专业化和国际化水平。

专栏3 知识产权基础人才工程

发挥专利审查员实践基地作用,每年开展300人次以上的实践培训,优化调整实践基地的数量和布局,增设5家左右实践基地,打造知识产权服务项目和实践交流项目,强化专利审查员与行业产业交流。

制定各类知识产权服务业人才能力素质标准,探索建立职业水平评价体系。

推动建立和完善企事业单位知识产权人才评价制度,力争五年内,培训100万名中小企业知识产权工作者和经营管理人员。

(五) 推进知识产权人才重大项目

以加强知识产权人才培养和使用为目标,以人才机制创新和资源整合为重点,加强对人才的服务和投入,建立一批有利于人才实践锻炼和成长发展的载体和平台,促进人才成长资源深度融合,引导和促进知识产权人才发挥作用。

1. 知识产权智库项目

完善知识产权专家库、人才库,健全知识产权专家联系机制和国家知识产权专家咨询委员会运行机制,有效统筹、协调、整合、汇聚各方知识产权咨询、研究等智力力量。加强国家级知识产权智库建设,推动省级知识产权智库建设,促进高等学校和民间知识产权智库发展,形成多层次、多样化的知识产权智库体系,为知识产权强国建设提供理论创新、资政建言、舆论引导、社会服务和公共外交等重要支撑。

2. 知识产权培训基地项目

进一步加强知识产权培训基地建设,新设立一批国家知识产权培训基地,探索建立产业知识产权培训基地,建立国家知识产权人才研究中心,加大对创新人才的培训力度。建立在政府指导下,以知识产权培训基地为主要依托,以高等学校和科研院所、企业、知识产权服务机构为辅助,以市场为导向的产学研知识产权人才联合培养机制。大力培养知识产权创业导师,建立创新人才孵化和知识产权创新创业项目孵化相结合的人才培养模式,加强青年创业指导。

3. 知识产权人才区域协调发展项目

根据我国知识产权发展区域差异,突出特色、分类指导区域知识产权人才发展。在国家自主创新示范区、自由贸易试验区、知识产权强省、强市等区域,探索建立知识产权人才发展试验区,健全知识产权人才支撑体系,围绕知识产权创造、运用、保护、管理和服务各个环节,制定知识产权人才培养计划,创新知识产权人才培养和使用政策，完善人才公共服务体系，优化人才发展环境，形成知识产权人才集聚区，融入和促进区域经济发展。

4.知识产权人才培训基础强化项目

统筹全国知识产权培训工作，积极探索知识产权人才资源市场化开发规律。深入开展知识产权人才理论研究。开展人才资源统计工作。构建政府部门、高等学校和社会培训多元教育培训体系。充分发挥中国知识产权培训中心和国家知识产权培训基地的作用，加快培养一支能够满足知识产权培训需求、理论素养和实务技能俱佳的高水平师资队伍，组织开发和认定一批精品培训教材，研究制定全国知识产权分级培训标准和标准化课程体系。推动将知识产权课程纳入各级党校、行政学院培训和选学内容。

推动在高等学校开设知识产权课程，加强中小学知识产权教育，建设若干宣传教育示范学校，将知识产权内容全面纳入国家普法教育和全民科学素养提升工作，加强面向发展中国家的知识产权学历教育和短期培训。开展校企联合培养知识产权人才。加强人才工作信息化，推进知识产权远程培训，探索建立移动学习平台。完善知识产权人才信息网络平台，逐步实现知识产权人才信息有序开放共享。

专栏4　推进知识产权人才重大项目

建设国家级知识产权智库，推动建立3～5家省级知识产权智库，建设数十个高等学校和民间知识产权智库。

突出基地特色，新设立10家左右国家知识产权培训基地，建立2～3家国家知识产权人才研究中心，完善产学研联合培养模式，大力培养知识产权创业导师。

探索在京津冀、上海、广东等地建立知识产权人才发展试验区，建立知识产权强省、强市知识产权人才支撑体系。

五、实施保障

（一）加强组织领导

各级知识产权行政管理部门要强化知识产权人才工作的统筹规划，以本规划为指导、结合地区实际，制定知识产权人才规划或实施方案，建立健全规划实施目标责任制，立项分解任务，充实人才工作队伍，加强督促检查，扎实推进知识产权人才工作开展，加强地区知识产权人才培养。

（二）建立落实机制

国家知识产权局人才工作领导小组负责规划的督促落实等工作。各有关部门和各省（区、市）知识产权局要切实贯彻规划，结合实际，突出特色，细化落实本规划提出的主要任务和措施，加强年度计划与本规划的衔接。围绕知识产权人才工作薄弱环节，着力解决突出问题，形成规划落实的重要支撑和抓手。

（三）保障资金投入

完善知识产权人才发展投入机制，统筹安排人才培养开发投入经费，加大对重点区域、领域和行业的知识产权人才培养投入，探索建立多元化、多渠道、多层次的人才投入体系，从人力、财力和政策等方面加大对人才工作支持。

（四）加大宣传力度

加大规划发布和实施的宣传力度，建立知识产权新闻宣传和知识产权文化建设队伍，利用报纸、电视和网络等媒体大力宣传知识产权人才规划的重要意义、目标任务和具体措施，努力打造一系列知识产权人才工作宣传的精品项目，为知识产权人才工作营造良好文化氛围。

参考文献

［1］王凤岐．柔性太阳能电池专利技术分析［J］．信息记录材料，2009
（6）．

［2］贺兵，贺玲，胡勇．产业专利战略研究［J］．中国市场，2007（22）．

［3］［美］StephenC. Glazier 著．商务专利战略［M］.北京大学出版社，2001.

［4］郑寿亭主编．企业专利管理与战略［M］.专利文献出版社，1991.

［5］王程．纳米硅晶光伏太阳能领域的专利战略研究［D］.保定：河北大
学，2014.

［6］邓金堂，唐亮，段雪景．基于专利地图的我国光伏发电产业专利情报研
究［J］.情报杂志，2012（2）．

［7］李维思，史敏，肖雪葵．基于专利分析的产业竞争情报与技术生命周期
研究——以太阳能薄膜电池产业为例［J］.企业技术开发，2011（11）．

［8］金静静，乔晓东，桂婕．中国太阳能企业构建专利联盟战略浅析［J］.
管理观察，2009（15）．

［9］刘林青，谭力文，赵浩兴．专利丛林、专利组合和专利联盟——从专利
战略到专利群战略［J］.研究与发展管理，2006（4）．

［10］章兆淇主编．知识产权保护与管理［M］.石油工业出版社，2005.

［11］张平，马骁著．标准化与知识产权战略［M］.知识产权出版社，2005.

［12］刘雪辰．战略性新兴产业专利战略的制定研究［D］.哈尔滨：哈尔滨
工业大学，2013.

［13］王玉平，成全．基于专利地图的专利海盗对抗策略研究［J］.情报理
论与实践．2012（01）．

［14］王珊珊，田金信．基于专利地图的 R&D 联盟专利战略制定方法研究
［J］.科学学研究，2010（6）．

［15］杨薇炯．专利地图与企业专利战略关联及其在专利战略中的作用研究
［J］.情报理论与实践，2010（1）．

［16］Yuen – Hsien Tseng，Chi – Jen Lin，Yu – I Lin. Text mining techniques for patent analysis［J］. Information Processing and Management . 2006（5）.

［17］Patent portfolio analysis as a useful tool for identifying R&D and business opportunities – an empirical application in the nutrition and health industry［J］. World Patent Information . 2005（3）.

［18］Holger Ernst. Patent information for strategic technology management［J］. World Patent Information. 2003（3）.

［19］穆飞鹏，李慧子，朱艳华．浅谈专利信息分析在企业专利战略布局的应用［J］.电视技术，2013（S2）.

［20］赖院根，朱东华，胡望斌．基于专利情报分析的高技术企业专利战略构建［J］.科研管理，2007（5）.

［21］张韵君．基于专利战略的企业技术创新模式研究［J］.经济问题，2015（5）.

［22］王珊珊，田金信．基于专利地图的 R&D 联盟专利战略制定方法研究［J］.科学学研究，2010（6）.

［23］孙捷，王毓慧．我国太阳能热水器的专利布局与专利战略［J］.家电科技，2010（8）.

［24］Deepak Somaya. Patent Strategy and Management：An Integrative Review and Research Agenda［J］. Journal of Management ，2012.

［25］田蔚，李骏宇．大数据挖掘与分析专利战略研究［J］.科技创新与应用，2017（4）.

［26］郭磊，蔡虹，张越．专利战略化情境下的产业核心专利态势分析［J］.科学学研究，2016（11）.

［27］张弛，刘敏榕．基于 AHP 改进的 SWOT 企业专利战略规划研究［J］.情报科学，2016（2）.

［28］鲁家婷，吴景海．基于专利地图的中小企业专利战略制定研究［J］.图书情报导刊，2016（11）.

［29］肖梦丽．基于专利计量分析的企业专利战略制定［J］.中国管理信息化，2015（8）.

［30］王玉婷．面向不同警情的专利预警方法综述［J］.情报理论与实践，2013（9）.

［31］贺德方．中国专利预警机制建设实践研究［J］.中国科技论坛，2013（5）.

［32］王影洁，程刚，李艳艳．企业项目知识风险管理模型构建及实证研究

[J].情报理论与实践，2013（3）.

[33] 陈维琨.基于企业专利战略的知识产权战略的制定与应用研究 [J].科技创新导报，2015（7）.

[34] 戴谦.探析我国企业专利战略存在的问题及应对策略 [J].科技创新导报，2015（6）.

[35] 肖立娟.新形势下企业专利战略规划的几点建议 [J].安徽科技，2015（5）.

[36] 江洪，王微，叶茂.我国企业知识产权管理前沿调查及对策研究 [J].科技管理研究，2015（12）.

[37] 孙捷，姚云，刘文霞.中外专利标准化知识产权战略的分析与研究——以中、美、欧、日的知识产权战略为例 [J].中国标准化，2017（3）.

[38] 姚拂，王皓.企业推进知识产权战略研究 [J].江苏科技信息，2017（3）.

[39] 刘芬.华为知识产权战略及启示 [J].科技创新与应用，2017（13）.

[40] 陈蓉.光伏企业知识产权战略规划研究 [J].江苏科技信息，2018（6）.

[41] 徐建伟.我国新能源汽车知识产权发展及思考 [J].宏观经济管理，2016（9）.

[42] 冯晓青.创新驱动发展战略视野下我国企业专利战略研究 [J].学术交流，2016（1）.

[43] 冯晓青.我国企业专利战略的制定与实施策略研究 [J].武陵学刊，2014（2）.

[44] 李健.浅谈企业的创新建设与知识产权战略 [J].江苏科技信息，2013（13）.

[45] 唐珺.企业知识产权战略管理 [M].知识产权出版社，2012.

[46] Jun Suzuki, Kiminori Gemba, Schumpeter Tamada, Yoshihito Yasaki, Akira Goto. Analysis of propensity to patent and science–dependence of large Japanese manufacturers of electrical machinery [J]. Scientometrics, 2006（2）.

[47] 杨露.河北省太阳能电池专利战略研究 [D].保定：河北大学，2012.

[48] 杨薇炯.专利地图在企业专利战略中的应用 [J].竞争情报，2011（2）.

[49] 庞杰，刘则渊，梁永霞.太阳能电池材料技术专利国际竞争趋势分析 [J].中国科技论坛，2010（9）.

[50] 李维胜.广西木薯产业专利态势分析报告 [M].经济科学出版社，2014.

[51] 陈峰，刘斌．太阳能应用现状研究 [J]．中国战略新兴产业，2018 (5)．

[52] 李永诩．山西省光伏产业专利信息分析 [J]．图书情报导刊，2017 (10)．

[53] 李海丽，李玲，曹静．全球太阳能产业专利地图分析 [J]．科技管理研究，2013 (11)．

[54] 蒋慧芳．山东力诺瑞特新能源有限公司服务营销模式研究 [D]．济南：山东大学，2010．

[55] 邹阳陈．力诺集团太阳能光热产业发展战略研究 [D]．济南：山东大学，2010．

[56] 余杨，包海波，王培．太阳能技术 R&D 战略研究：战略布局与创新成效 [J]．科技管理研究，2015 (6)．

[57] 李树成．太阳能光伏发电技术及其应用探讨 [J]．应用能源技术，2017 (12)．

[58] 张力．太阳能光伏发电技术应用现状及发展趋势 [J]．科技经济导刊，2017 (12)．

[59] 罗振涛，霍志臣．谈中国太阳能热水器产业及其发展规划 [J]．太阳能，2009 (8)．

[60] 梁盼．太阳能光伏发电建筑一体化系统设计与研究 [D]．郑州：河南农业大学，2011 (6)．

[61] 王磊．中国太阳能产业专利发展战略研究 [J]．合肥工业大学学报 (社会科学版)，2010 (8)．

[62] 张俊英．甘肃省装备制造业知识产权战略的制定及实施调查研究 [D]．兰州：兰州大学，2012．

[63] 冯晓青．创新驱动发展战略视野下我国企业专利战略研究 [J]．学术交流，2016 (1)．

[64] 李振．太阳能产业的专利战略研究 [D]．武汉：华中科技大学，2007．

[65] 王程．纳米硅晶光伏太阳能领域的专利战略研究 [D]．保定：河北大学，2014．

[66] 王晨．低碳经济环境下我国新能源产业专利战略制定 [D]．长春：吉林大学，2015．

[67] 陈伟，于丽艳．企业知识产权战略实施保障体系研究 [J]．经济纵横，2007 (12)．